JN044455

発想考楽

「ランドスケープデザイン」編

発想工学研究所 主宰

網本義弘

まえがき

ここに載せた25編の拙文は、私が10年ほど前からはじめている、誰もがアッと言う間にデザインが出来る「万人デザイン術（全民設計）」という手法を許に、ふと思いつく世の中の諸問題を、楽しみながら図に描いたりして発想できないかどうかを中心に、景観デザイン誌『ランドスケープデザイン』に、2013年から2020年にわたって掲載されたものに、部分補正をしたものです。

その時の掲載に当っては、Landscapeとは「国のかたち」とも解釈して、日本は世界にも希な「人種のるつぼ」と「文化のるつぼ」を合わせ持つことから、グローバルで、コスミックなスケールと多様な視点からの、妄想的な記述までの許可を得たものです。

そして土台の一部となったのが、私が以前から中国中心に行っている西洋デザイン主流に対する「汎アジアデザイン運動」であり、また私の住む九州という地方からの全国提案などをテーマとする異職種交流的な「異業種・学際の集い」で語られた様ざまなアイデア、発想です。

読者の方々には、「アイデアを形にする」というdesign本来の概念が強い西洋型姿勢を含み、自然災害国日本という土壌から、東洋の伝統の温故知新を超える温故創新的精神の上に立ち、時にはダ・ヴィンチも驚くようなアイデアを図化する能力などを期待するものです。

そして、宇宙や地球のことが気軽に言われる現在、本編では何度も触れさせていただいた高橋実氏の宇宙エネルギー論、逆さ方舟（UDA）工法などは、「宇宙内の物体は楕円運動」「1気圧=10ton/㎡の力をもつ」という、一瞬のうちに私達の誰もが理解可能な原理を応用すれば、誰もが新しい世界観まで生み出せるからです。

また、「ヤマト（大和）」の起源に関する新解釈は、グローバルなスケールでの『日本民族の形成』という著書もある国際的政治家亀井貫一郎氏によるもので、日本の「和」の本来の形成プロセスに関する新説も、同氏の遺稿を参考にさせていただいた。

目次　『ランドスケープデザイン』編（2013年～2020年）

まえがき ………… 4

〔1〕〈 発想考楽のすすめ 〉―― みんなで世界を楽しく考えよう

- 未来パネル文明へ向けて ………… 8
  ――「デジタル折り紙」発案など ――
- 1気圧の持つ力 ………… 12
  ―― 月面地下空間計画への発想 ――
- 海外「世界遺産」予測の楽しみ ………… 16
  ――「王家大院」「ゲーテアヌム」――
- 「和 Wa」から「New Wa 柔和」へ ………… 20
  ―― 和の新解釈、「反りから起り」へ ――
- 災害国家のオリンピック・デザイン ………… 24
  ―― みんなで発想　2020 東京オリンピック ――
- 「宇宙園ユートピア」構想 ………… 28
  ――「ポスト・スペースワールド」を考える ――
- 「志賀島アジアグローバル・タワー」案 ………… 32
  ―― 新日本歴史三景へ向けて ――

〔2〕〈 万人デザイン術 〉―― 誰もがアッという間にデザイナー

- 誰でもできる生活空間設計 ………… 36
  ―― 立体アイデアの表現法 ――
- 誰でも描ける円内透視図法 ………… 40
  ―― ルネッサンス最大の科学を一瞬に修得 ――
- 誰でも可能な楕円力学的スケッチ術 ………… 44
  ―― 宇宙原理の応用図法 ――
- 誰でも造れる空間・環境オブジェ ………… 48
  ―― 移動軌跡体の楽しみ ――
- 誰でも創れるネオ・モダン建築への道 ………… 52
  ―― 体積 1/2 立体の応用 ――

- 誰でも身につく耐震工作教育法 …… 56
  ——「のりしろ」から「線と線」接合術——
- 誰でも作れるトラス・アート空間 …… 60
  —— 耐震デザインの基礎 ——

〔3〕〈 防災国家へのアイデアを 〉—— 自然災害国からの発想

- 対自然災害へのイラスト発想 …… 64
  —— 非自然死防衛ランド案も ——
- 自然一体型耐震ランドスケープ …… 68
  —— 地震国家への空間デザイン ——
- 「筋交いトラス空間」の温故創新 …… 72
  —— 竪穴式から和のトラス・ハウスへ ——
- マンション・バルコニーに掛け軸型自然を …… 76
  —— 災害国家の「自然」認識装置 ——
- 河川の上に社会を創る …… 80
  ——「地政学」に代わる「河政学」的風土改装案 ——
- ギザギザ連結列島案 …… 84
  —— 河川間水路の上に生活空間を ——

〔4〕〈 地方即世界へ 〉——「個人即世界」からの発想

- 「ローカル即グローバル」による地域活性化 …… 88
  ——「テクネ・サロン」活動 ——
- 学祭サロン「テクネ東京」の夕べ …… 92
  —— 異業種交流による未来デザインへの集い ——
- 異職種交流「テクネの集い」 …… 96
  —— Neo ランドスケープへのヒント ——
- 地域から「地方創造」へ …… 100
  —— 熊本での「デザインフォーラム」を通して ——

未来パネル文明へ向けて

──「デジタル折り紙」など ──

《 現代日本はパネル組み合わせ社会 》

　私達の生活を取り巻く日本の現代パネル環境を形成する人工物の大半は、「平面材」で出来ている。家電製品や家具インテリア、そして自動車も。車輌、船舶、航空機までその全てと言っていいほど、金属板、プラスチック板、ガラス、木質版等を、切断、曲面加工（プレス、堯《ぎょう》鉄）したものの組み合わせで形成構築されている。

　人間空間を囲む家やビル等も、先進地震国であるほど強化コンクリートパネルや、特殊合板材が主となりつつある。そしてワク組構造のフレーム自体も鉄板等の平面材の切断加工によるものだから、現代とはまさに「パネル社会」と言っても過言ではない。

　そこで、来たるべきパネル文明への楽しい思考訓練を二つばかり紹介しよう。

《 パネル・エコ家具 》

　購入した一枚の正方形や長方形の矩《く》形板材パネルを使い、切断されたものを無駄なく（エコ）組み合わせるだけの家具を作ってみよう。例えば四角形に円を描いて切断した３つのパーツだけで、図のような楽しいテーブルがアッと言う間に出来上がる（脚部を逆さまにすると更にスマートなデザインに変化する）。試作には、市販のケント紙やボール紙を使えば、子供でもお年寄りでも誰でもが、ゲーム遊び感覚で楽しみながら時にはプロも驚くようなユニークなデザインが出来たりするので、まさしく大地震災害後のインテリア自力復興には、うってつけの救済術となるかも知れない。

パネル切断・組み合わせ家具

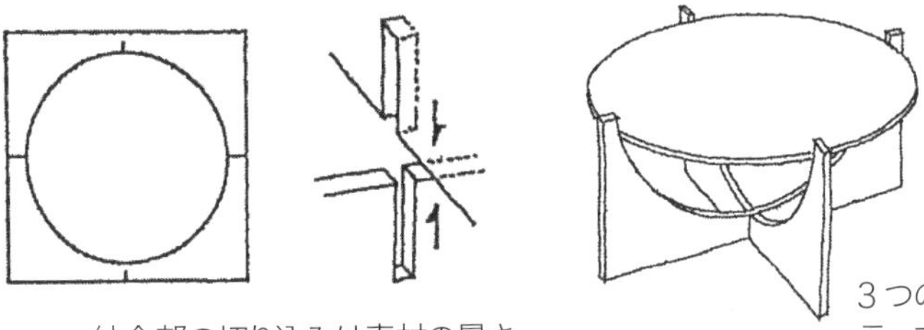

結合部の切り込みは素材の暑さ

3つの部分だけで
テーブルが組み立つ

《 未来へのデジタル折り紙 》

方眼紙を利用し、その直行グリッドに沿って切り込みを入れ、90度折り曲げ、切り離し箇所は無く、重ね合わせ部分も無しという条件のもと、立体空間を構築するという問題（ケント紙を使い、線と線の接合部分

（写真1）一枚の紙で出来たデジタル折り紙

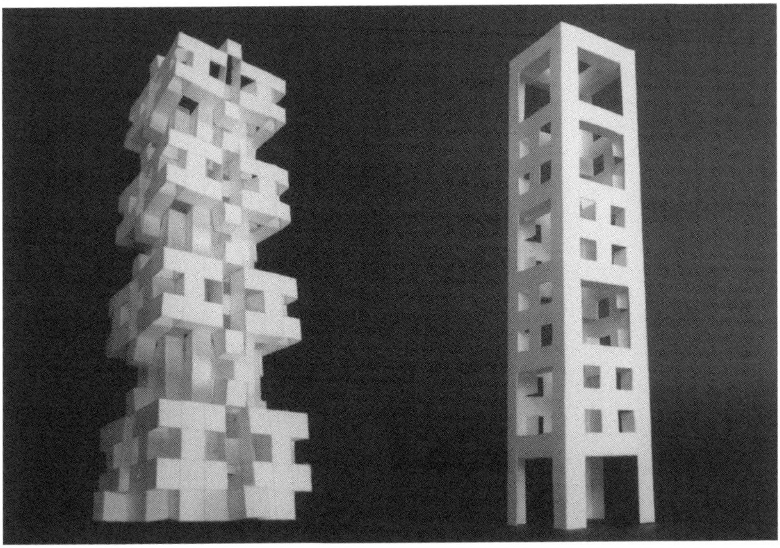

はセメダインCを使用）を大学1年生に出したところ、写真1のような凄い作品が続々と出来上がった。中には、日本のNASAと言われるJAXA（航空宇宙開発研究機構）の人たちも驚かれた作品（写真 2）も。伝統的な「折り紙」でなく「デジタル折り紙」と呼ぶ私の開発したこの技法は、未来デジタルパネル文明を予測させるような、アナログ空間思考とデジタルパターン思考のフィードバックによる、形態予測のソフトプログラム能力開発という、人間の左右脳機能の同時発揮への大訓練にもなる。

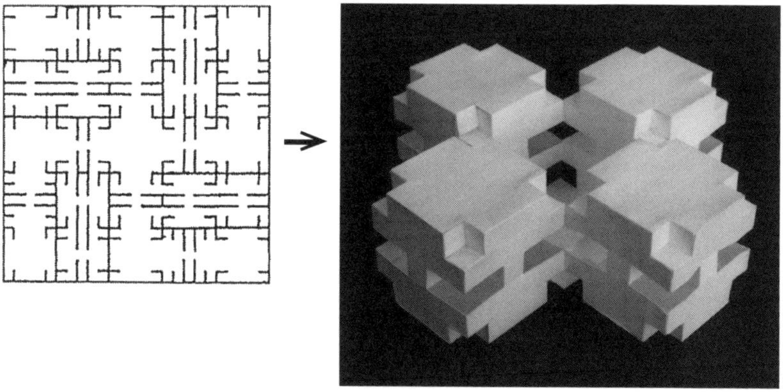

（写真 2）　無重力宇宙空間でも使えそう

もちろん現実的な建造物ではパネル板を折り曲げるよりも、あくまで組み合わせが主となるので、ふと今度はパネル板の足し算・掛け算（+×）でパネルの現実的な空間量を計算してみた。一般住居の天井高を基準に、2.5m×2.5m のパネルを単位として、念のため壁、天井、床も二重にした100㎡の一軒家の形成には、約100 枚のパネルが必要となる。

《 金持ちからパネル持ちへ 》

日本は現在約 5000 万世帯だから、全日本住空間生活とは、50 億枚パネル生活のこと。そしてこのパネル1枚を２万円とする（現在の畳１枚が１万円でその２倍以上の大きさだから）と、100 兆円の空間社会となり、日本の国家予算に近くなる…となると、およそ無駄に出来ないというか、これではパネル総量が国家財産ともなり、貨幣経済でなくパネル経済という新たな財産制度の出現か、と言えないこともない。パネルが2.5m四方ではちょっと大きく保管しにくいなら半分の2.5m×1.25m とし、ネオ・タタミ化すればさらにリアルになり…、「金持ち」とは「パネル持ち」という社会が到来するやも、とまたもやニヤリ。

これからは、ケント紙とカッターナイフで未知の世界への構想を楽しむマナーの方が、ホモ・サピエンスを超える「ホモ・ファーベンス」（homo-fabens ＝ homo-faber〔工作人〕＋ homo-sapiens の合成造語）という本来の人間のありかたには相応しいのかもしれない。

1気圧の持つ力

―― 月面地下空間計画への発想 ――

阪神大震災の5年前、私が親しくさせていただいたNASAでも有名であったロケット工学者黒田泰弘氏が「宇宙建築」のパイオニア的な存在であったNASAの研究員ラリー・ベル博士〔ヒューストン大学ササカワ(笹川)国際宇宙建築センター(SISCA)の所長として活躍〕を連れられて私の研究室に来られたので、土産話とばかりに10年来のプロジェクトである「気圧」利用の「風呂桶逆さ型洋上都市計画」という、地震国家日本の未来戦略を紹介させていただいた時のこと。

《 恐るべき気圧の利用法 》

お風呂に入って洗面器を逆さにし、上から押さえてもなかなか沈まないという現象は、幼少期から誰もが体験している。この反発力とも言えるのが洗面器の中の空気の力なのだが、一般には「水面下10m下がる毎に1気圧増す」と他人事のように教わっている。ところが「1気圧とは1平方メートル(1㎡)に10トン(1万kg)の力が掛かること」と置き換えたとたん、空気の持つ恐るべき力に気づく。

ふと、これを生活空間に応用すれば世界は一変するかもと、フタの無い巨大なコンクリート箱を逆さにして多数連結した上に建造物を立て、沖合い洋上に設置すれば、一転して地震からも津波からも安全な未来生活空間が可能になるはず。高層ビルも建てたいと思うなら、自転車タイヤの空気入れ的な単純原理で中の空間を空気圧縮すれば良いだけのこと。(図1)

このEarthquake Free(耐震)な原理を原子力発電設備に大々的且つ専門的に応用されたものが、元電力中央研究所理事でエネルギー学者高橋実氏による「UDA(Upside Down Ark(逆さ方舟)」構想であった。〔もしこの洋上原子炉が実現していれば福島の悲劇は起こらなかったかも〕。

（図1）風呂桶逆さ型洋上都市案

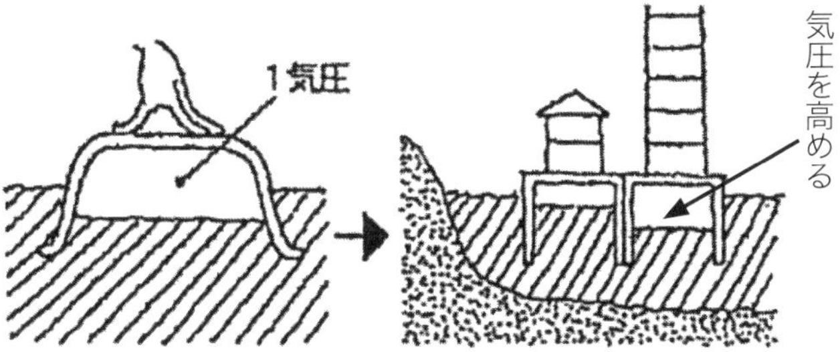

などと語りながら、ふとまた私はあらぬ妄想に取りつかれはじめた。

空気の無い（ゼロ気圧）月面上で、次々と提案されるSF的な素晴らしい建築デザインも結構だが、将来、あのアポロ宇宙飛行士が見せた重力6分の1（1/6G）での、子供が憧れるうさぎ飛びや、足腰の弱い老人や障害者にとっても本当のユートピアになるには、地球でのウルトラ訓練もなく、動きにくい宇宙気圧服でなく平服のままで過ごせる地球と同じ1気圧環境が必要となる。だが逆に月面上での空気生産・獲得が将来実現するとしても、意外な難問が立ちはだかる。月面地上の格好良い建築の中に1気圧を保たせるためには、外部に空気がないので内側から例の10ton/㎡の巨大パワーが外へ向かって押し上げるものだから、それに耐え得る超頑強な形態構造設計を施さない限り、建築物自体が吹っ飛びかねないのだ。

《 月面建築は土葬型で 》

そこでと突然悟ったように開き直り、ベル氏に「将来の月面建築には土葬方式はどうですか?」とスットンキョウな提案をしてみた。「月面を掘って中にカプセルを作り、掘り起こした土を再びカプセルに覆い被せれば、内部１気圧にも簡単に耐えられ、奇妙な形かもし知れないが工事も 1/6 省エネで、天窓部分だけ頑丈にすれば甚平・G パン姿で楽に正座し、おちょこ片手にお地球見も…」と。氏も思わずニヤリ。(図2)

今度は地球上の我が足もとを改めて想いやると何のことはない「地震に最も安全なのは地下空間！」。この自明の概念を肝に銘じ、阪神大震災の数年前から講演時には必ず、①地上での１本柱高速道路は倒

(図 2) 月面地下１気圧空間生活

れるが、2本柱の高架下に商店などが詰まっていれば、お花や剣山とのアナロジーよろしく最強の構造体となるのは視覚力学的判断からしても当然、②そして地下空間は「眼を閉じて想って下さい。矩体そのものは大地と一緒に動くので何の変形もしません。もちろん家具はひっくりかえるが。」などと言いまくったものである。

東北大震災のまたもや5年前、今度はJAXA(航空宇宙研究開発機構)の方たちとの懇談では、「日本の面積37万㎢」、月までの距離 37万km、月の表面積 3,700万㎢(地球のちょうど100倍)という神妙なほどの37の因果」のもと「民間力による世界一の地下街開発の実績を持つ日本は、火星や金星などよりも、ロマンあふれるいとしきお月さまだけをターゲットに、うさぎ面の地下空間開発を官民挙げて日本の独壇場に」と強調させていただいた後、ムーン・ベースボールでホームランを打てば地球の6倍飛ぶのかどうか….月面地下オリンピックにはどのような新種目が….月面埋蔵量最大の素材アルミニウムによるインテリア産業革命…等々研究員の方がたと次つぎと珍発想を楽しむ。

《 人類本能による地下空間の見直し 》

人類は数万年の洞窟生活で氷河期を耐え抜いた絶大なキャリアを持つ。その間に本能化した、頑強で耐震安全な内部空間への直感志向を持つ人類が、この日本の大地で新たな耐震地下空間に挑むためにも、従来の建築やインテリア概念でなく、月面地下発想のような絶体絶命的にちかいINTERIOR(インテリオール・内側)志向への逆転センスを磨いておこう。

海外「世界遺産」予測の楽しみ

——「王家大院」「ゲーテアヌム」——

《 黄土桃源郷を世界遺産に！》

はるか彼方の黄土丘陵に沿いながら、虚空の一点を中心にしたこの世のものと思えぬゆるやかな円弧曲線に囲まれた集落—「王家大院」。

中国山西省の大黄土地帯霊石県で「民間故宮」とも称されるこの国内最大の民居群は、14 世紀に副業の豆腐売りで財を成し、天下の山西商人の祖を築いた「王さん」一族が美田の代りに残した、東京ドームほどの面積に、1,000 を越す部屋を持つ、大小 123 の院と 26 の庭園に囲まれた、まさに「桃源郷」さながらの風景。（写真 1）

（写真 1）「王家大院」中国山西省霊石県　著者撮影

ところで昨今ブームの「世界遺産」の多くが、壮大な権力や戦いの結果生み出されたものの中にあって、教育施設まで完備していたとされるこの民間集合住宅は、もし「平等」の概念が今後の世界遺産の選定条件になるなら、実に相応しい物件と確信した。そこで 2004 年に北京開催の「世界文化遺産アジア会議」に於いて、中国人に成り代り、慌ただしい観光者にとっても美しい壁曲線や、内部全貌を背景に瞬時に見取れる写真パッチリのメリットなども強調しての世界遺産提案をしてみたところ、UNESCO、中国政府関係者も共感されたとのこと（壁の曲線は実測の結果、上面と側面は共に折れ線という直線であったのに、斜め横からの視点では、どう見ても曲線にしか映らないという不可思議な現象）。

《 ゲーテの世界観を世界遺産に！》

ふと同じく曲線―それも「異様な曲面」で思いつくのが、ドイツの国境に近いスイスのバーゼル郊外に 1925 年着工され、ひっそりと佇《たたず》む「ゲーテアヌム」（Goetheanum ゲーテ劇場）。同時期の「バウハウス」に見られる二次平面の組み合わせによる機能的合理主義形態とは正反対とも言える、一見奇妙なまでの雰囲気をかもし出す曲面集合体（写真2）。

これは、大文豪ゲーテを「自然科学」的視点から集大成した後「人智学」を樹立し、精神教育者として有名なルドルフ・シュタイナー（1861〜1925）が、ゲーテの深遠な世界観を形として表現すべく自ら設計し、舟大工の加工協力のもとに、全館コンクリート打ちっ放しで構築したものである。その結果は、かの世界的建築家フランク・ロイド・

ライトも絶賛し、「表現主義芸術の真の傑作」との評価まで得ている。バウハウスの校舎群が世界遺産になっているなら、というより中世までの宗教建築以降、「精神世界観」の表現物が希少な近代世界遺産にあっては、実に貴重な存在であるに違いないから、是非とも…。

《 ローカルからグローバルな世界遺産ごっこ 》

昨今の日本は、地域興しをも兼ねての国内（ローカル）世界遺産捜しがブームなのは結構なことだが、明治以降世界の学問や情報をせっかく150年もかけて身につけた感覚を活かし、世界の意外な灯台下暗しを照らすグローバルな視点による海外の遺産見つけの実践や訓練を積んでおけば、より普遍的な発見・提案力が得られるかも知れない。

(写真2)「ゲーテアヌム」スイス、ドルナッハ　　著者撮影

そのためにはあまり気構えず、例えば「世界遺産当てごっこ」を楽しんでみよう。私も以前、「世界で一番小さくて有名な建築」リートフェルトによるシュレーダー邸（約40坪）や、「一国の観光の顔」としてのシドニーのオペラハウスはきっと、等と学生たちと予測ゲームをしたところ、何と各々の翌年には見事認定という痛快な的中。さあ皆さん各自の専門的視点から…。

《38 度線エコ・ピース・ゾーン計画》

またふと、220年ちかくも前に世界的スケールで『永遠平和のために』を遺著として残した大哲学者カントの精神を思い出し、皮肉なことに今では野鳥天国となっているあの「38度線非武装地帯（Demilitalized Zone〔DMZ〕）」を、以前新聞でも紹介したように、今こそエコ・ピース・ゾーン（Ecological Peace Zone〔EPZ〕）に変え、「宇宙から見える地上における恒久平和シンボル」にして、負の遺産を未来への平和遺産として、何千年も前のピラミッドを超える「未来世界遺産」に、とめて改妄想したりする。

あのグロピウスの作など、没後3つも世界遺産を獲得したのだから、今後の建築家やデザイナーは単に温故知新でなく、温故「創新」によるもっと凄い考古未来学的発想による「平等・永遠デザイン遺産」を夢見て欲しいものである。

「和Wa」から「New Wa 柔和」へ

── 和の新解釈、「反りから起り」へ ──

《「和」とは》

最近の日本は国際的営業戦略も手伝って、日本文化を表わす「和風」をより一層わかりやすく「和」、「和的」と、まるで聖徳太子もニヤリとしそうな「和を以ってアイデンティティとなす」過熱ぶりである。

私たち日本人が抱くこの和風感覚とは一般的に、しっとりとした「侘《わ》び・寂《さ》び」の「京風」文化の伝統と解釈し、同時に桂離宮、茶屋、町屋の三点セットから来る「水平・垂直」「簡素繊細・淡白」などの視覚言語の瞬間的イメージであろう。

そして、その土台とも言える「和」が「日本そのもの」であるとの歴史的固定作業が、「倭」の国を後に「大和」としたことにあり、以後「大和魂」「大和なでしこ」等と麗《うるわ》しい国情を表わす代名詞ともなる。これら文化本能にもなった和の常識に対し、ふと非常識的な二つの想いを巡らしてみた。

《「和」から「大和(ダイワ)」へそして「大和(ヤマト)」へ》

まず「大和」と書かれた文字の発音は、逆立ちしても「やまと」とは読めないのに何故? 一説によると、二千年ちかく前に中国から名づけられた「倭国」日本では、古代新羅で発達した「会議」を意味した「和」を付けての、満場一致を原則とする政治システムが、さらに「根回し」も排除しての、現代でも参考になりそうな高度な合議主義が、北部九州で花開いたようだ(現在の福岡市和白地区)。

同時に、ひょっとしてあの邪馬台国の語源かも知れず、以前から使っていた古代イラン語的「ヤマトック」に住む中北部九州部族の中から、後に畿内に入った部族が国家統一に当たって、いびつな意味を持つ

「倭」に代って「大なる和の国」に歴史的「ヤマト」の音を当て嵌めたのでは…と、まさに「ランドスケープ（国土の姿）」からの発想と考えた方がよほど論理的かも。

《「和」から「柔和」へ》

ところで、和風建築の誇る繊細で完璧に近いとされる水平・垂直の線加工術は、実は古代ギリシャ神殿建築で発揮された「エンタシス」の方が本場であった。当時の彫刻家兼建築家は、全体像に対する異常なまでの視覚的「快」を望む姿勢から、凹型溝の縦線の集合は内側に反て見えるという人間の錯視を匡正し、何とか快い直線に見えるようにかすかな膨み反りを与えたのだ。

さらに、これこそは日本古来の国家的風情の元ともなったと思われるあの「和をもって尊しとなす」憲法の「和」も、これまた遥か古代の中国ですでに「礼は和を以て尊しとなす」と孔子の『論語』等で親しまれていた…。

と、こんな足許が崩れそうになる中で、一体私達は和風の根拠をどこに求めればいいのか、と悩みながらふと桂離宮と町屋の屋根を見つめると、何と、直線でなくあの凹型（反《そ》り）曲線の逆の、柔らかだが明快な凸型膨らみ曲線ではないか（写真）。これぞまさしく日本独自の発想かも！と。そしてその源流はどうやら伊勢神宮あたりから見られるようだ。

直線の斜め屋根という基本原理を、日本人は雨の滴までも逃さずとばかり木目細かい気配りの許、あたかも反りという「デザイン」を逆に re-design し直して生まれたのが、この「起（むく）り」であった。この柔かで軽やかなゆるい曲線こそ、ひょっとするとエンタシスに匹敵する日本型アイデアかも知れない。

　そして現代にあっては、ドイツ機能的合理主義が生んだ円形の一部に近い強い曲線を持つフォルクスワーゲンや、アメリカ発のダイナミックな「流線型」とも異なる日産プレセア（写真）は、あたかも長楕円形の複合的組み合せで形成され、外観のハイライトまで線でなく柔かな楕円的曲線とは、まさしく新たな和（new wa 柔和）の形とも言えそうであった。

起り

柔和な型

プレセア

《 New WA（柔和）な日本風土デザインへ 》

以上の「起り」を中心とした日本の生んだ微妙なまでにデザインされた柔和な曲線は、単なる日本的情感による造形行為でなく、まるで本能的に自然原理に沿ったものと解釈できる根拠がありそうだ。つまりそれらの基本曲線は、日本人の美的潜在意識とも言われる我が「富士山」という地球物理的産物の優美な曲線と酷似していることに誰もが驚き、また楕円曲線は、宇宙空間内物体運動の現実原理でもあるから、さらに神妙極まりない。

以上の強引な珍解釈から、日本の今後の和の型は、下手をすると角が立ち危険を併う直線型よりも、柔らかな楕円曲線を基本とし、調和、融和などというアジア古来からの「人論の原理」であった和を内包した、日本流の「和《なご》み心」で新たな国造り（ランドスケーピング）をして欲しいものである。

ただ、度が過ぎて「うねうね・くねくね」した「倭」の語源に戻らないよう、くれぐれも注意しながら。

富士山

災害国家のオリンピック・デザイン

―― みんなで発想　2020年東京オリンピック ――

毎週のようにどこかで起きている地震に加え、最近のゲリラ豪雨水害でも大変な日本。そんなさ中、東京オリンピックへの新国立競技場は曲線の女王ザハ・ハディド案が最優秀賞になりながら、夢のような超曲面的デザインのため、「生がきドロリ」「巨大建設費」と言われる。またエンブレムは「模倣盗作」、などの珍騒動。あげくの果てには白紙撤回とは！

ともかく東北大地震経験後の自然災害国家日本での開催は、多様な大条件の一挙解決という困難に迫られている。だがこれら諸現象を私達の多くが経験しているというキャリアから、思いのある人は是非とも専門を問わずオリジナルな提案を出してもらいたいものである…。と、ふと私もスットンキョウなことを思いつく。

《 耐震・耐水スタジアム 》

阪神淡路大震災の時、地下街は大地とともに揺れるので、意外と言うか自明というか矩体自体は安全であった。ただ大水が入って来ないように今後の技術開発を。と思った時、東京からでも見える我が富士山の麓近くの地中に大競技場を造れば、地震にも水害にも安全なはずだ。長さ400m×巾200m×高さ50m＝400万m^3 (0.004Km^3) をシールド工法で抉《えぐ》り出し…。待て、世界遺産の聖なる富士山を傷つけるとは何たる！と怒られるかも知れないが、実は古来人類は地中を様ざまなニーズから抉ってきた。トルコの誇るカッパドキアの壮大な地下都市なども、すでに30年前に世界遺産。念のため富士山の体積 ($1/3\pi r^2h$) を約1400万Km^3とすると、地中スタジアムは何と35万分の1となり無傷に近いとも言えよう。駄洒落じゃないが、世界遺産に抱かれた競技場とはまことにオシャレかも。

　また、日本沿岸周辺の地中・地下から得られた土石は、鉄筋・鉄骨コンクリート製のパネルで、例の高橋実流の風呂桶逆さ型底無しユニット（Upside Down Ark）を造船所で大量生産し、沖合いに壮大に並べたランドにするならば短期・安価で出来、オリンピック期間中の内外からの宿泊を兼ねた世界中からの客船停泊装置となり、この内部空気圧利用の浮体構造は、地震・洪水にも安全な避難ランドにもなる。

　その上に、万博展示館や山頂測候所はじめ世界中で応用されてい

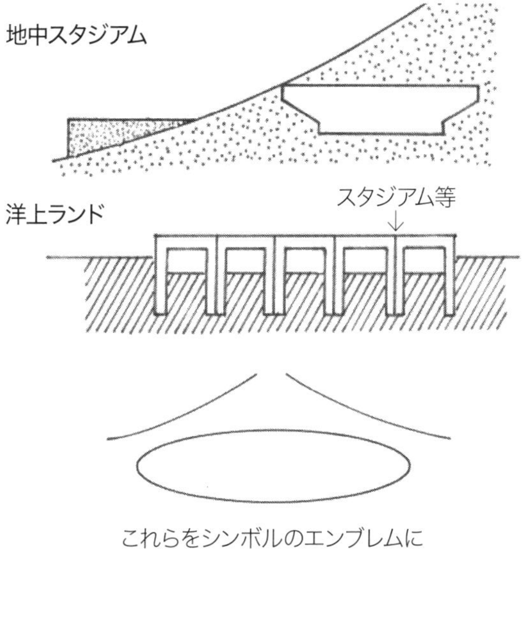

これらをシンボルのエンブレムに

るバックミンスター・フラー発明の三角形集合体ドームを、ユニークに組み合わせるだけで各種競技場など、短時間・超格安で出来そうだ。それよりも、耐震競技場、宿泊施設、建設費全体を一括クリアーして且つ楽しめる空間として、以前提案した日本人の得意技である「改造」術を豪華客船に発揮すれば、美事な「洋上五輪船」も可能となるはず….。と勝手な発想が次々と湧いてしまう。さあ皆でもっと独創的な発想競技をしあいましょう。

《 和のエンブレム 》

ところで古代オリンピックが、その期間中は戦争中断であったという偉大な人類遺産を、何としても今後のオリンピックに生かし、「非戦・反戦」「平和」へと転化進化させたイメージを基本テーマに表現して欲しいものである。そんな抽象的理念・概念の視覚化の参考例としては、40年前に福田繁雄氏が考案した「大砲の筒先きへ向かってゆく弾丸」のような、これでは戦いにならない絶妙なパロディーなポスター('VICTORY')や、誰もが知っている、オリーブを咥《くわ》えた鳩にPeaceと付けたタバコのデザイン(レイモンド・ローウィ作)等のセンスも役立つかも知れない。

また、当初「おもてなし」で始めようとした背景の「和」に関する表現も、強烈な生牡蠣フォルムのショックのあまりか鳴りをひそめているようだが、和の本来の意味である人倫上の「融和、共調、調和、なごみ….」を視覚的には富士山のスロープのような(円弧というより、宇宙物質間の運動原理である楕円的な弧)柔かい曲線と見立て、これらと「平和」のイメージを融合させてのエンブレムデザインは出来ないものか。

《 超学際的コラボで 》

以上の私の珍提案はともかく、現実問題として元の国立競技場跡を中心に、時間はないがもし叶うならば未来のオリンピックにも有益な指針となるような、オリジナルでユニバーサルなスタジアムを建設するにはどうすれば良いのか？

古代ギリシャのパルテノン神殿やサンピエトロ大聖堂という石の文化では、フェイディアスやミケランジェロという大彫刻家が総監督になり得たが、高度な防災構造の総合的実現には、古代ローマにおいて都市空間の全構造物を建築の範囲としたヴィトルヴィウスの定義を活かし、都市工学、トンネル工学はもとより、現代学術の本格的学際コラボが不可欠なようだ。現にあの船の底に付いている「キール構造」も本来は造船工学の専売特許であり、より高度な設計には航空力学も不可欠であろう。

その際、あくまで日本が長年磨き上げてきた木材による水平垂直線の加工技術の神髄（和風）を基に、新たな柔かい曲線（Neo 和）を統合するに当っては、せっかく古代ギリシャ人が異様なまでの視覚能力を発揮して発明した柱のエンタシス（膨み）が、実はあくまで快い直線に見えるように錯視匡正上かすかにカーブさせたようだという遺産を忘れずに、それを越えたデザインを期待したいものである。

最後に目下のゆゆしき模倣問題の戒めとして、「模倣」と「創造」という一見正反対の古来からの西欧的概念を、《模倣博物館》と名付けてオリンピック会場に設置し、意見の競技をさせれば、意外なアジア的展開が起きるかもしれない。

「宇宙園ユートピア」構想

――「ポスト・スペースワールド」を考える ――

宇宙をテーマに親子で楽しめる日本で初めての遊園地「スペースワールド（SPACE WORLD）」（北九州市）が本年をもって閉園されるという。そこでこれからの宇宙時代にふさわしい日本オリジナルなエンジョイ空間とは、と改めて思いを馳せてみた。

日系人として最初に宇宙に飛んだオニヅカ宇宙飛行士のふる里であり、発明王で東芝の祖、からくり儀右衛門(田中久重)を生んだ九州だからこそ、ポスト・スペースワールドとしては、子供からお年寄りまでの誰でもが、未知の世界へのオリジナルなアイデアを出せたり、宇宙の原理までもが体感できたりという、まさにギリシャ語源の「どこにもな

いのちの宇宙トピア

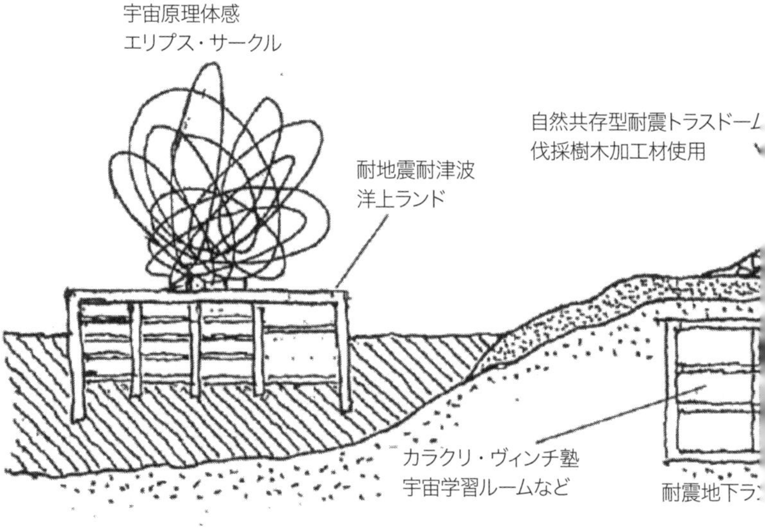

い場所」を意味する「ユートピア」的な宇宙の園《その》であってもらいたい。

《 いのち（生命）のランド 》

そのためには何よりも先ず、安心して楽しめるランド造りが不可欠なので、地震を中心とする自然災害国家日本では、イベント空間や宿泊施設の大半を、図のように「地中と洋上」に作る。①非火山帯の山麓を水平方向に抉り、大きなイベント空間や、ベランダから地域風景を満喫できるホテルを内蔵。②平地の地下を掘削した空間ではショッピングモールや各種ルームなど。①②から出た土石類は地面の嵩《かさ》上げや沿岸埋立て用にしたり、特殊加工で硬度なコンクリート板にして地中空

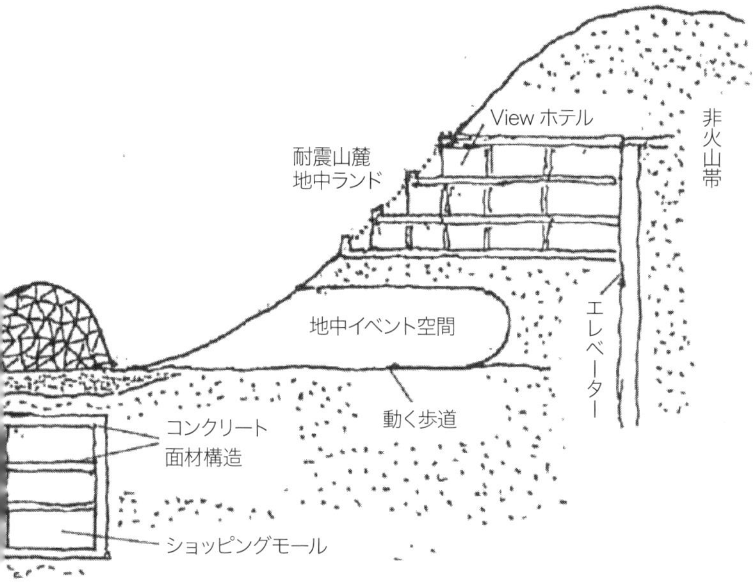

間内でのすべての建造物の基本材にする。

これらは一見、自然を大きく改造しようとする「自然に勝つ」的西欧思考に近いようだが、あくまで自然の姿を維持しながら、伐採後のエコな使用で自然との「共存」を計る。③例えば、真竹《まだけ》の大分県、孟宗竹の鹿児島県、と日本最大の生産を誇る竹などを炭素繊維なみに高度に化学処理して鉄より丈夫にした材料を使って、日本木造建築の「筋交い」構造センスをフルに生かしての、地震にも津波にも強く、構築自由・解体容易なトラス（三角構造）ドームを各種イベント用として平地に多数建設。また展示物の大半をこの新素材を使用してのオンパレードとすれば、近代西洋の鉄文明に対し、エコロジカルな未来アジア文明への「さきがけ祭」となるかも知れない。

《 カラクリ・ヴィンチ塾 》

からくり儀右衛門は「東洋のエジソン」と呼ばれたらしいが、その「仕掛け」精神は現代流には「アイデア」とも言え、アジアのダ・ヴィンチとして「カラクリ・ヴィンチ塾」を置き、つまようじから宇宙船に到るユニークで独創的なアイデアを、AIに頼らずいっぱい出してもらう。大人には例えば、日本が生んだ例の、壮大な「高橋宇宙仮説」と呼ばれるノアの大洪水と言う西洋人にとって人類最悪の伝説を、考古学・歴史学的事象から複合仮説にしてその大半を、高校レベルまでの計算で解いたという高橋実氏の壮大な思考の追体験により、新たな宇宙仮説を発想してもらったり、時には現実の地球表面にも多数存在する巨大「クレーター」の開発計画を…等と「考古未来的世界」に漂ってもらう。子供たちは、

km単位で太陽系内惑星関係を計算したり、カロリー（kcal）とワット（W）だけでエネルギー世界の換算術を身に付けたり….と常識外な楽しみを。

《エリプル・サークル》

そして沿岸洋上には、くどい様だが例のUDA（逆さ方舟空間）の上に、ジェットコースターでなく、「エリプス（楕円）・サークル」という宇宙原理の体感装置なるものを新設するのである。宇宙における星々の軌道は、実は全部が楕円（ellipse）であり、完全な真円（circle）軌道は存在しないとされている。あたかも地球上の人間世界の「現実」と「理想」の関係のように、楕円・エリプス運動が宇宙物体間の現実なのだ。そこで日本の科学技術を結集して、細長く平べったい楕円から円に近い形までを一筆書き的に連続させたようなレール装置を作るのである。そうすると、降下する時と上昇する時には、これまで経験したことのない重力や遠心力という宇宙原理を、ダイレクトに体感できるかも知れない、という凄い乗り物となるはず。

以上の遊園地を「いのちの宇宙トピア」とでも名付け、とまあ珍妙な妄想のようなことを述べたが、これもあくまで日本が既存の物の寄せ集めでなく、オリジナルあふれた楽園を期待しての想いからであり、せめて2020年にはもし可能ならば、世界が驚くこの楕円コースターのようなものだけでも実現してもらいたいものである。（なぜスペースワールドにこだわるのかと言うのも、1983年に私がオニヅカ飛行士とお会いした数年後に、北九州市へ「宇宙遊園地構想」を提案したのが切っ掛けとなっての実現だった、という因縁からの未来提案です）。

「志賀島アジアグローバル・タワー」案

―― 新日本歴史三景へ向けて ――

《 日没も絶景の日本 》

地理的には日本の25倍の面積を持つ大国中国に対して、意外にも南北は同じ位の長さを持つ「長国日本」は、東の海から日出ずる国と言う以上に、ユーラシア大陸の大半の国では見られない、西方の赤い空と海に沈む黄金の太陽という絶景を合わせ持つ国なのである。

この超太古の昔からのグローボルなメリットをも生かした日没する国の美しさを背景として、アジア大陸諸国からの観光客の目玉になる日本海側を観光地とするには…。

と、ふと古代日本の出発点を物的証拠としてイメージさせる、あの誰でも知っている「金印」との歴史観光を想ったりする。

《 日本古代拠点の観光化 》

紀元前後の北部九州は地政学的にも、すでにそのはるか以前よりアジア大陸からの諸民族による先行文化の壮大なるつぼ（坩堝）的集積地でもあったようだ。

そして前3世紀には、徐福《じょふく》が当時の超大型船で、仙人が住み長生不老の霊薬を産する蓬《ほう》莱の国を求めて、現在の佐賀県伊万里に来たと

されている。その不老山からの眺めをはじめ北部九州各地には、古代ヤマトの語源の一部とされる例の「ヤマトック(三方を山で囲まれた川の流れる盆地)」と呼ばれる、大陸民族が理想郷とする様な凝縮地形があちこちに在る。

前2世紀には、後の「和」や「大和」の由来説もある、以前にも述べた福岡市沿岸の小高い丘のある、古代新羅《しらぎ》で始まったと言われ、諸部族による満場一致への合議制が行われたとされる、古代朝鮮語で「ホワ(会議)バル(高台)」と呼び、後に「和白」となった場所。そこでは大陸からの多民族による、より以上の繰り返し合議がなされ、さぞかし疲れた後に見る、丘からの西の彼方に沈む夕日の絶景に、はるばる新天地にやって来た祖先への想いを馳せたかも…。

そして紀元1世紀に後漢の光武帝から、北部九州にあったとされる「倭の奴の国」の王に与えられた金印が、福岡市の志賀島で発見されてからは、すでに弥生式時代からの大陸とのカボタージュ(cabotage:沿岸航行)による経済・文化交流の物的証拠となっている。

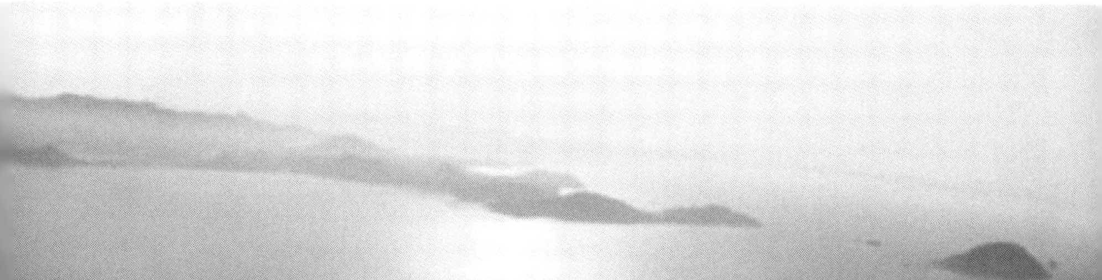

志賀島上空300メートルからのパノラマ展望(福岡市消防局消防航空隊 撮影協力。2007年)

《 アジアグローバル・タワーの「歴史三景」提案 》

ところでこれら歴史的な箇所は、目下の「日本三景」とは意義の異なる、新たな日本の「歴史三景」の素地を持つものと言えるかもしれない。そこからの風景をトータルに楽しみながら満喫できるように、これまた大陸に起源を持つとされる「鳥居型」にした未来のカボタージュ船を彷彿とさせる装置に乗りながら、これからの日本とユーラシア大陸との関係やヴィジョンを、あたかも来館者全員が倭の奴の新国王にでもなった気分で語り合えれば、昨今叫ばれている「地方創生」と言うより、「ローカル即グローバル」なアジア・タワーとなるかも….。しかし例えば、志賀島(標高169m)にたつ現在の高さ10mほどの小さな展望台からでは、博多湾側、即ち国内側しか見えない。

そこで今回は、天体ドームも兼ねた360度パノラミックな景観を楽しめる海抜300メートルの展望台を持ち(と言って朝鮮半島や中国大陸沿岸が見える訳がないので)、壮大なユーラシア民族移動のリアル体感CGリウムも内蔵し、活断層の多い北部九州での地震に強固な全体がトラス構造で構築された、学生デザインによる志賀島上のタワー案を紹介しておこう。

《 「新日本歴史三景」へ向けて 》

今後ともこの「温故知新」的な、歴史を通じての未来予測・想像を原理とし、観る人に「温故創新」的なアイデアを沸かせ、ひいては「過去の景観と融合」そして「未来の景観を彷彿」とさせる、「新日本歴史三景」用のランドマークになるようなデザインを期待したいものである。

またそれは同時に、新たな概念による具体的な「ランドスケープ遺産（LANDSCAPE HERITAGE）」への道となるかも知れない。

デザイン／大江 康文

誰でもできる生活空間設計

―― 立体アイデアの表現法 ――

《 立体表現のバリエーション 》

「机の上の前方に立方体が置かれていると仮定し、斜めに見下ろした視点で、それが本当に存在するかのように描け」と言う問題が与えられると、果たして私たちはどのような解答をするであろうか。その大半は図1の①から⑤に近いものとなる。この問題を評価する場合、西洋化された日本の教育界では次のようは判定となる。

①は、奥行きが一点に集まる「透視図」のようで、まぁ上手（じょうず）。③④は一見良さそうだが奥行きが平行になっているのであまり上手とは言えない。⑤はなんだか子供のような描き方だから下手（へた）な絵とされる。正解は、三消点透視図と言われる写真で撮ったような②であり、これを上手と言う。⑥を描いた人や⑤の奥行きを平行よりも広がって逆遠近法的になったりすると、異様とか間違いとされる。

①②は世に言う「パース（透視図、perspectiveの略語）」でルネッサンス西欧の大発明。③〜⑤は平行投象図または軸測投象図と呼ばれ、東洋的表現と見なされた。しかし歴史的には、中国での2000年ちかい空間表現が「斜投図」と呼ばれる⑤が大半を占め、その影響を受けた日本は⑤を中心に④が少しあったぐらい。ところがあろうことかルネッサンス直前までの西欧キリスト教社会での表現は、1000年以上も③④⑤⑥及び逆遠近法、の全てが均等にオンパレードしていたという、中国人顔負けの事実。

《 ダ・ヴィンチは絵が下手だった!? 》

さて、あの透視図を完成させ、発明の天才であったレオナルド・ダ・ヴ

（図 1）立方体の表現図

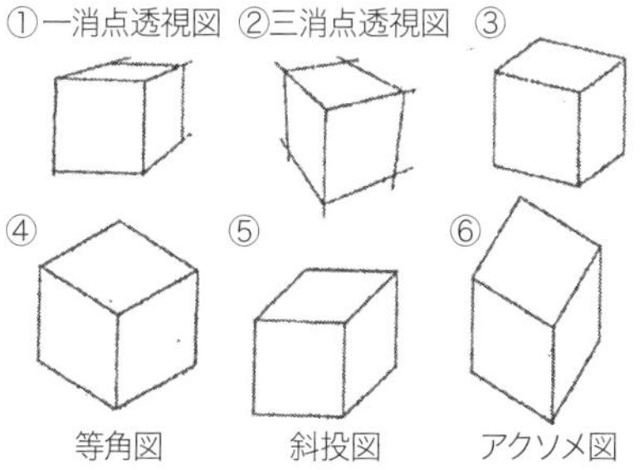

（図 2）レオナルド・ダ・ヴィンチのスケッチ
『マドリッド手稿』より

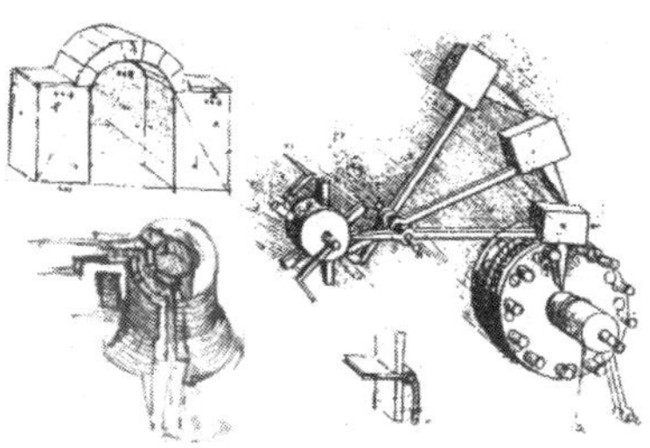

ィンチが残した膨大な数のアイデアスケッチ集を見ていて、ふととんでもないことに気づいた。その大半は透視図的表現でなく、メカニズムや構造図の殆どが、こともあろうにエッと目を疑うあの一見稚拙な感じの斜投図的だったのだ。ダ・ヴィンチは絵が下手だったのか？まさか！とその答えは、それがアイデアや思考プロセス等の「構想」表現用だったからである。機械や建造物など三次元のアイデア表現には、正面を実形、奥行きの実長を斜め平行に取りながらアイデア形成へしてゆかざるを得ない。そしてアイデアが決定した後に、リアルな形への「再現」用として透視図で表現するという、使い分け二刀流の名人だったのだ。

《 絵が下手な人ほど空間デザインが出来る!? 》

　ということは、絵が下手と言われた人たちが、実は意外にも片やダ・ヴィンチ型アイデア表現人でもあったのだ。ではこの大逆転の発想のもと、この非透視図的表現法を応用し、自信を持って建築家・デザイナー気分で、一挙に生活空間設計に挑戦してみよう。

（図 3） 斜投図的マイホーム マイタウンイメージ

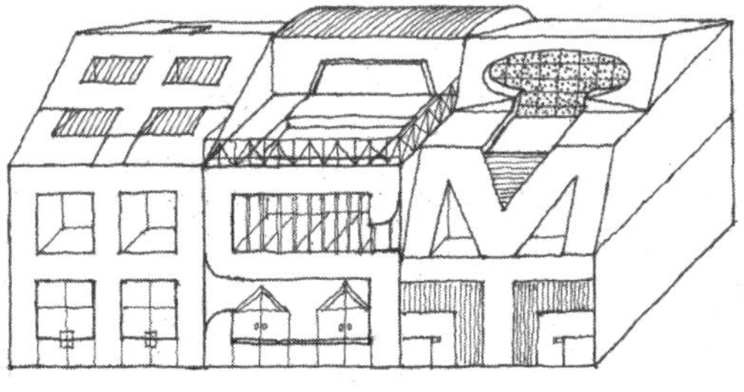

（図 4） アクソメ図法によるイニシャルデザイン

〔Ⅰ〕斜投図的マイホーム、マイタウンデザイン。我が家やお店などを設計するには正面ファサードがメインとなるので、正面を実形とする斜投図で、例えば自分のイニシャル応用のデザインをしてみよう。（図3）

〔Ⅱ〕アクソメ図法によるイニシャルデザイン。⑤の斜投図の奥行きの斜め平行線が垂直になるまで回転させると、世に言う「アクソメ図」⑥となる。これはま上から見た形が実際の形となるので上から下・横へとデザインしてゆくと、ユニークな立体CI（コーポレート・アイデンティティ）マークまでも自動的に出来そうだ。（図4）

〔Ⅲ〕アクソメ図法によるインテリアデザイン。室内設計は平面図を実形にし、家具等の高さは実長でそのまま垂直にとってゆくだけでよいので、豊かな個性あふれる（パーソナル・アイデンティティ・PI）マイオフィス造りをしてみよう。（図5）

《 災害地の住民自身こそ街づくり計画の主役 》

以上のデザイン事例は、実は小中学生からでも出来そうな表現法と言え、まさに老若男女の誰でもが可能なデザイン術であり、それこそ震災復興に当っても、被災地住民同志や親子で自分たちの家・街づくり発想を楽しみながらやれそうだ。あくまで初めに住民自身による、これこそ「万人デザイン術（全民設計）」ありきで、その後での専門建築家・デザイナーとのコラボによるのが、ゼロからのユートピアづくりであろうか。

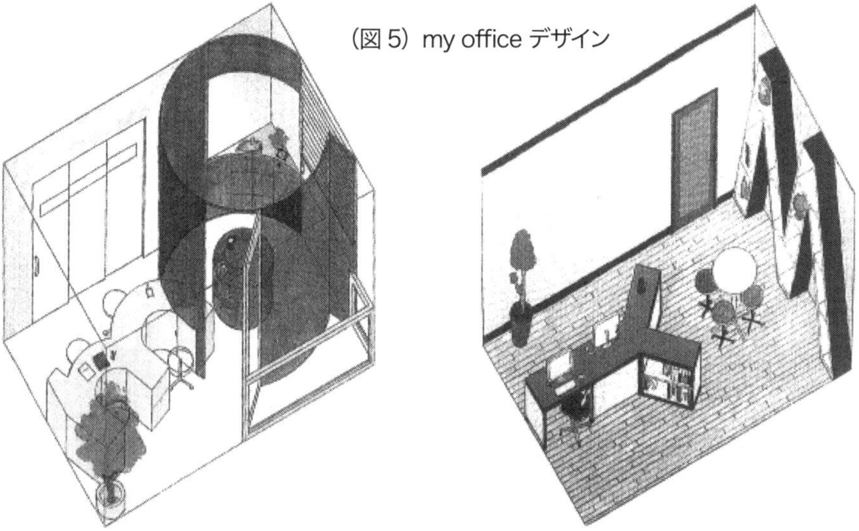

（図 5） my office デザイン

誰でも描ける円内透視図法

—— ルネッサンス最大の科学を一瞬に修得 ——

《 ルネッサンス最大の科学を一瞬に修得 》

眼の前の「世界」を、遠方を小さくすることにより写実的に表現可能とさせ、当時「第一の科学」とも称され、ルネッサンスの万能人達が完成させたと言われるあの「透視図(perspective)」は、現在でも建築やデザイン教育上不動の地位を占めている。

その最大目的は、奥行きの長さ・地点を正確に決めることにある。一般的に最も多く使われているのが一点透視図であるが、従来の方法ではズレや誤差が生じやすく、一度覚えても意外に忘れやすいという問題が残る。

《 円内透視図法 》

そこで、ふと思いついたのが、透視図の哲学的根拠を与えた原子論発明者デモクリトスの「円錐内世界観」の「円」を使い、その中での僅か「2回の動作」で奥行きが決定できるという珍図法「円内透視図法」を編み出してみた。

その手法を、誰もが経験する「線路と枕木の間隔」風景で説明してみよう。図1

《 作図法 》

〔1〕図2-①のように地平線の中心をVとした円を描き、その両端の1つをP(透視図の頭文字)とする。枕木図ABと同じ長さを円の内側にABを取ると、線路AG、BHの延長はV(消失点)に収束する。問題の例えば枕木EFの奥行きは、円内のAからB方向の線上にAEを取り、EからPに引いた線とAVの交点をeとすると、それが枕木E点の透視図となる。

図1　線路の平面図

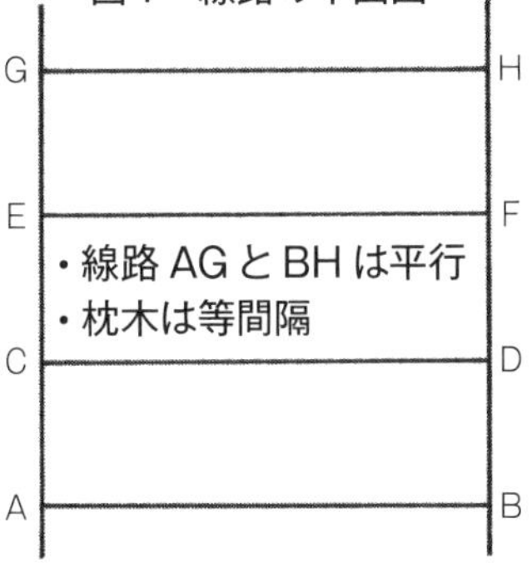

図2・①

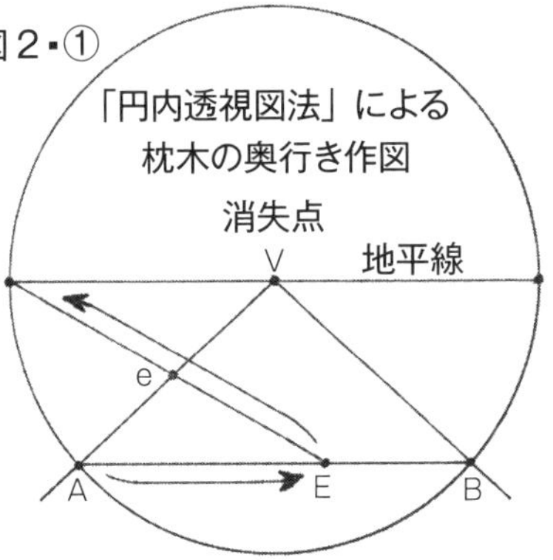

図2・②

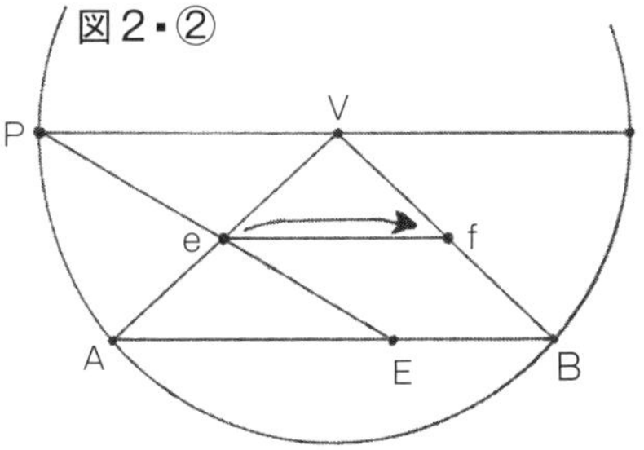

図2・③

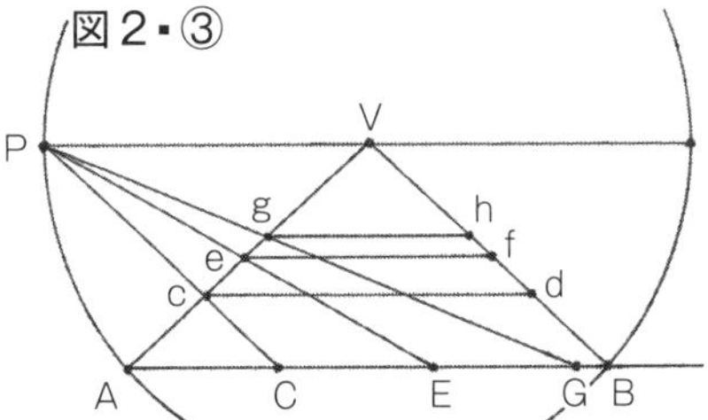

図3　人間の楕円的視野内の正方形

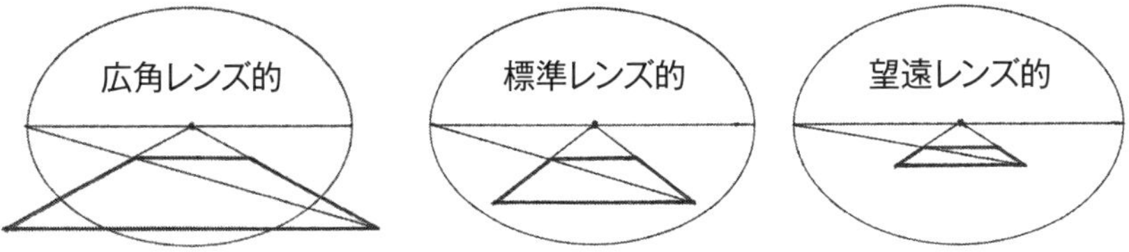

〔2〕そのeからABに平行線を引き、BVとの交点をfとすれば、efが求めるEFの透視図となる。図2-②〔3〕以下同様にくり返すだけで線路

と枕木間隔の透視図が出来上る。図2-③

　そして図3のように、実際の人間の両目の視野はどうやら楕円形内となりそうであり、現代的な広角レンズから望遠レンズ的表現も、好みに応じて自由に対応できる。

《 具体的応用例 》

　さて、図4のようなインテリア風景の作図には、先ず目の高さをVから下に取り、その上を立面図として家具などの実形を手前に描き、Vと結ぶ。例えばソファーの場合、平面図上のF、Hはこれまでのように立面上のF、HとPを結んで奥行きを取ってゆけばよい。

　また、斜めに敷かれたマットのような斜線の作図でも、あくまでIのように点の位置としての奥行きを結びつけてゆくことで可能となる。

　かくして、エイ、ヤーの２回で奥行き決定という、一度知ったら一生忘れない透視図法は、小学生からでも可能という、さすがのダ・ヴィンチ様も夢想しなかった事態が起きそうである。

図４　インテリア透視図

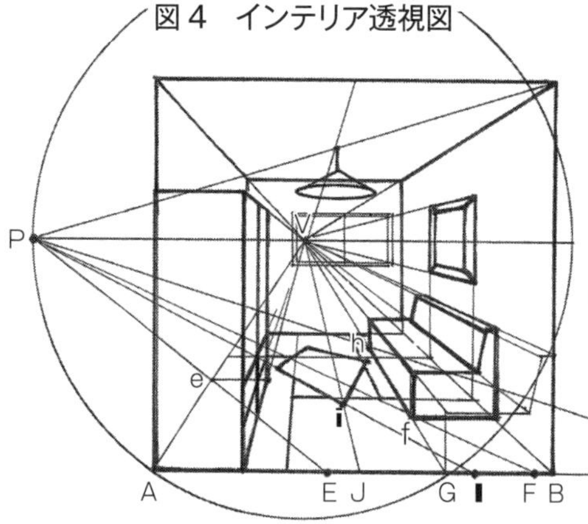

四畳半のレイアウト平面図

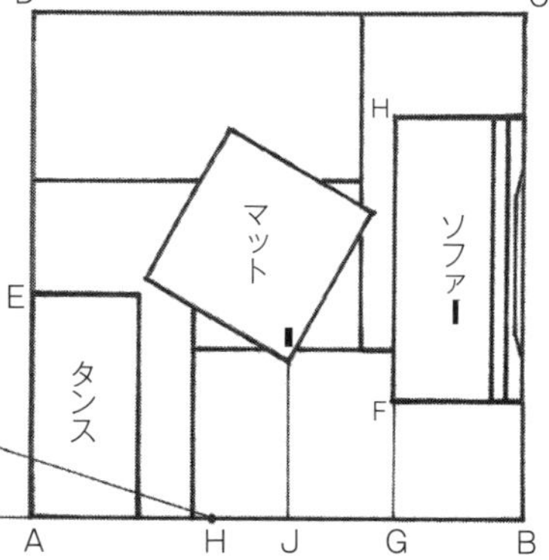

「円内透視図法」による作図例

誰もがアッと言う間に描ける正確な一消点透視図

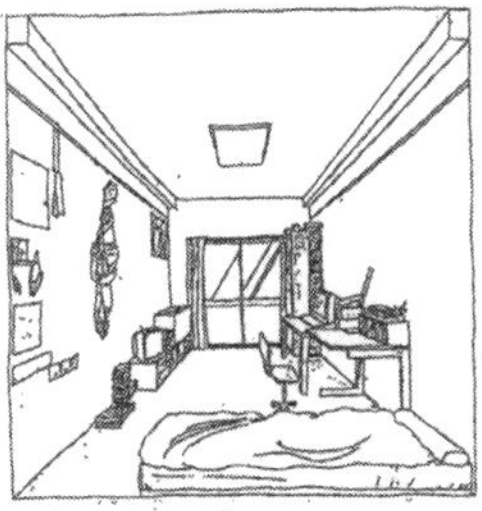

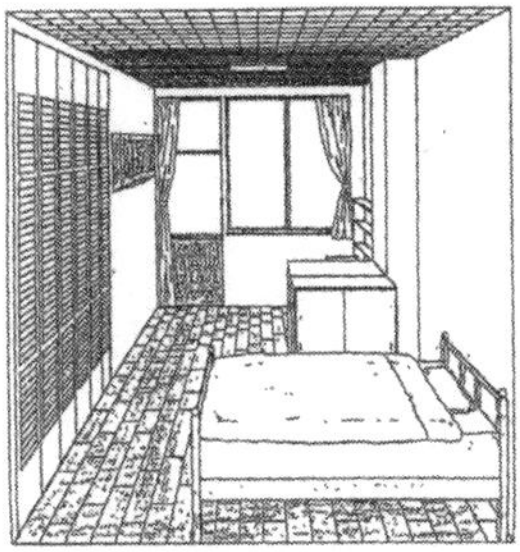
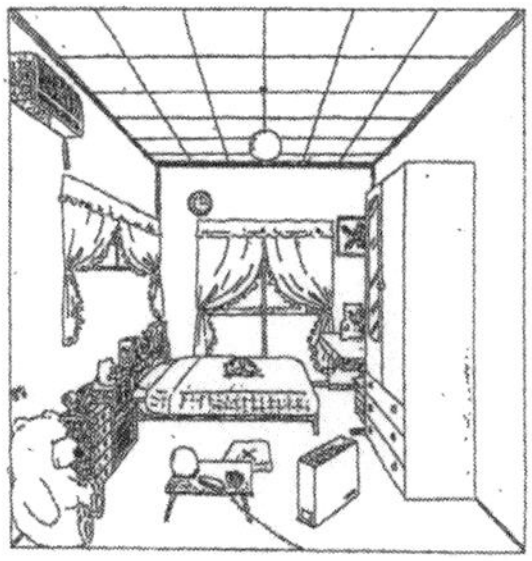
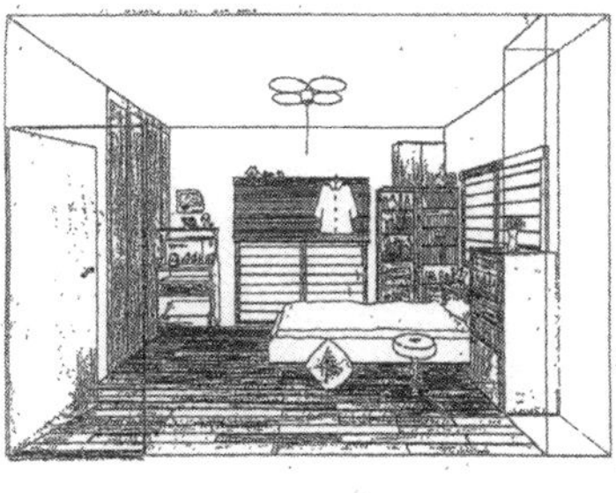
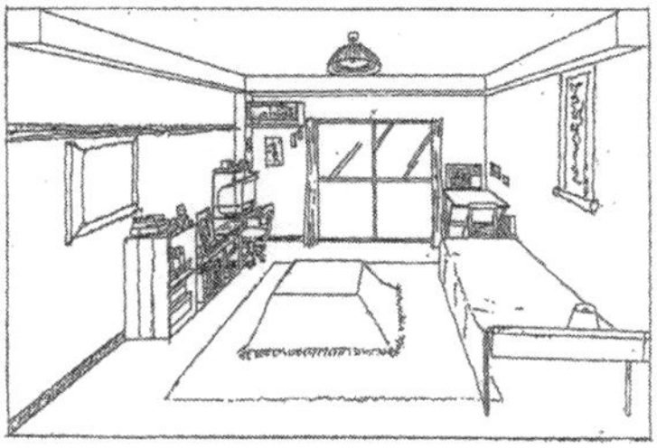

建築・デザイン系学生以外の大学1年女子学生が、数時間で仕上げた、自分の部屋の透視図

誰でも可能な楕円力学的スケッチ術

── 宇宙原理の応用図法 ──

《 楕円形は宇宙の原理？ 》

誰もが知っているはずの「楕円」というものを、いざフリーハンドで描けと言われると、なかなか難しいものである。頭の中で形をイメージしたりしながらゆっくり描くとジャガイモのように凹凸が出来たり、慌てると両端が木の葉のように尖ってしまったりと、どうもあのなめらかな形にならない。

ところでこの楕円という問題、私たちの足許の地球はもとより、宇宙空間内の恒星を回る惑星の軌道は全て楕円形を成していると言われ、完全な円軌道は存在しないとまで観測されている。また完全な球体も存在せず、太陽や地球の形自体も皆厳密には楕円球であるらしい。もしかすると宇宙には、真の意味での「直線」さえ存在しないのかも、と何だか非・超常識的な気分になる。

こんな体験できない宇宙現象でなく地上の人間世界では、実はそれが自明のように日々実感できる。円形のコップやお皿などを厳密に真上（垂直上）から見るということは不可能で、少しでも斜めにずれると、視覚上は全て楕円にしか見えない、という当然ながらの恐るべき現象。だからしてあの偉大なケプラーさんとて、ひょっとするとコンパスで描かれたコペルニクスの円形天体軌道図を斜めに見た時に、ハタと楕円軌道を悟ったのでは、と邪推したくなるほどだ。

《 円と楕円の哲学原理 》

このように楕円こそが、宇宙だけでなく人間の住む世の中の「具体的で現実普遍的な存在」と定義でき、逆に円は「抽象的原理で決して実現し得ない存在」と、さながら深遠な宇宙哲学を悟ったような気分になる。そんな目で、例えばアメリカで発達し工業デザインの主流となった、空気力学的な格好良い流線形デザインやそのアイデア・スケッチをよく見ると、殆んどが楕円の線の応用であることが判り、「楕円を自由自在に描けることがプロデザイナーの条件」と、教育目的まで明確になる。

《 楕円力学描法 》

そこでこの宇宙最高の「かたち」を上手に修得する技法は無いものか…と、ふと思いついたのが、惑星が軌道上で運行するあり方、つまり「速度」なるものを応用すれば、という奇妙な発想。手の動きを天体の動きに合わせる「楕円力学描法」である。

長い楕円軌道を持つ惑星などは、図のように恒星の近日点あたりでは猛スピードで回るが、次第に速度を落し、楕円軌道の最も遠い遠日点付近では大変ゆっくり回る。以前紹介したあの氷惑星仮説の高橋実氏の計算によると、3000年の周期を持つある仮想天体の動きは、遠日点近くだけで2500年ほどもかけて巡る超スローぶりという。要するに楕円天体運動は、このクイックとスローの連続運動であるから、現実のこの世の中の机上の紙の上に図としての楕円形を描く場合には、幾何学的数字の楕円を形成する2つの焦点を恒星と見なし、鉛筆やペン先を惑星と見なし、天界での動きの半分をそのまま応用し、2焦点間を早く、2焦点の外側をゆっくり描くだけで綺麗な楕円となる。細長い楕円（長円）になるほど2焦点間のスピードを速め、逆に丸い円形に近づけるためには、等速運動的にすればよい。

実はこの描き方に近い行動は、子供の頃いらい誰しも長年にわたって、授業中や考え事中、手が勝手に動く紙の上でスプリングのような、あの「螺旋形の連続落書き」経験である（図）。その1つ1つを閉じればまさに楕円になるという本能的大経験を生かし、「楕円と楕円の線分の組み合わせ」を、描きたいモノのイメージに添ってフル作動すれば、絵が下手だと自認する人でもアッと言う間に図のようなコップやトースター、果てはプロのカーデザイナー並みのスケッチまで簡単にできる

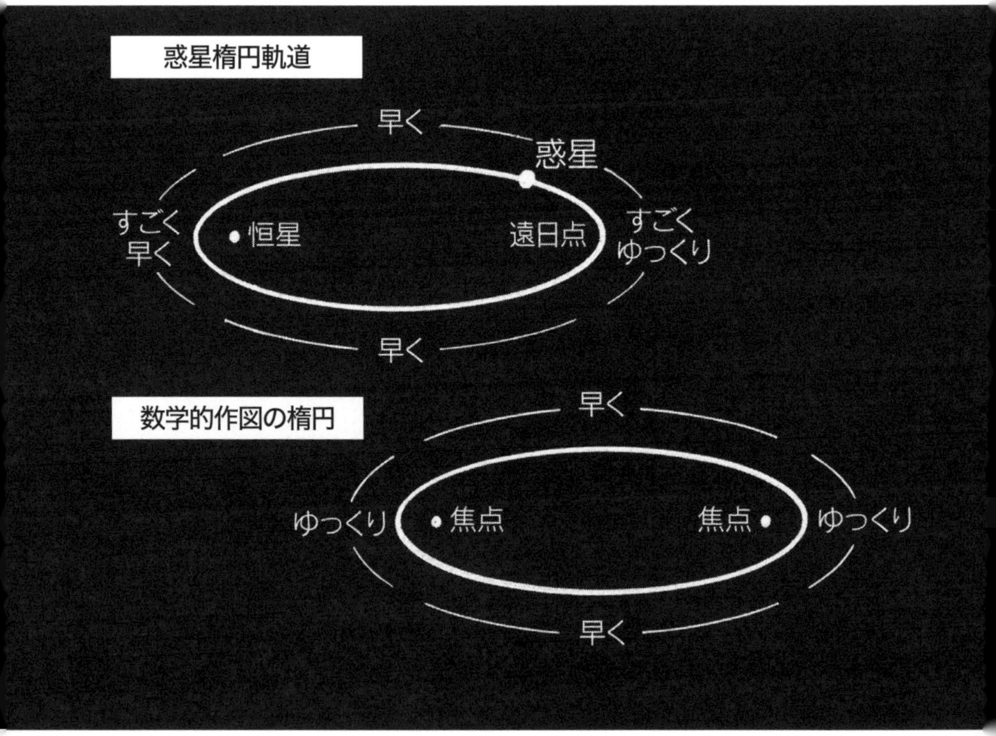

ようになるから、まさにありがたや万能楕円さまさまである。

《 楕円応用自然形 》

　楕円が「宇宙・世の中」の原理ならば、当然その中の「自然」の原理でもあるはずだから、と気楽に市販の楕円定規を使って、山や島などを自在に形成しては、未来の新しい国土景観創り等も妄想してみよう。

そして、こうなれば森羅万象あらゆるイメージとアイデアに適用できるよう、この万人向け万能楕円術を楽しみながら究めてゆこう。

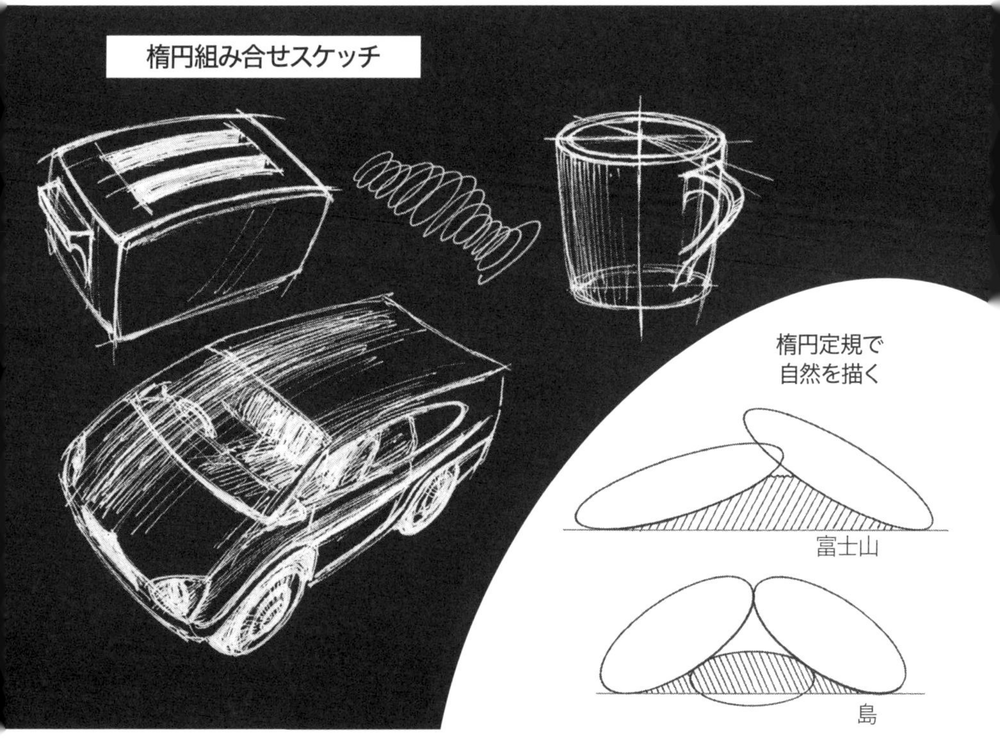

誰でも造れる空間・環境オブジェ

―― 移動軌跡体の楽しみ ――

青銅器時代と同じくらい古い歴史を持つ、あのロクロ（轆轤）を扱う職人の数が激減する昨今、粘土を回転させて器《うつわ》を造ってゆく作業を見ていて、ふと妙な方向への復興策を思いつく。

立体的な形が、指先で内と外の形をイメージしながら回転という「移動」する「軌跡」の集積によって形成されるのなら、それを「移動軌跡体」と名付けてみる。そのとたん、例えば三角形から六角形などの単純な図形を、さまざまに移動させるという実に簡単な手法だけで、誰でもが可能な驚きの超ろくろ的造形世界が突如出現する。

《 移動軌跡体の基本方法 》

〔Ⅰ〕回転移動：1本の軸を中心に図形を回転させる。図①

〔Ⅱ〕直進移動：図形を直進させたものの組み合わせ。図②

〔Ⅲ〕回転と直進の組み合わせ移動：一筆書き的に一方向に直進と回転を組み合わせて行き、軌跡が重複しないようにする。

(図) 基本図形の、①回転移動

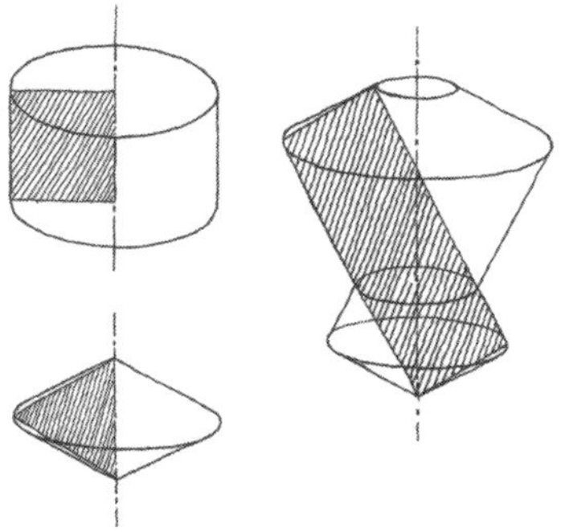

②直進移動

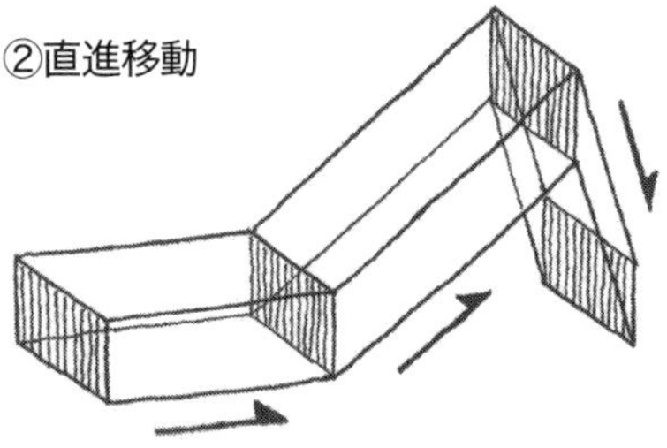

以上の移動原理による、自動的なほどに出来そうな基本形態を、ケント紙で「のりしろ」でなく「線と線の接合」で作った、大学1年生の多様な作品例を紹介しよう。（写真Ⅰ）これらは、①長方形を垂直軸

（写真Ⅰ）移動軌跡体の基本例

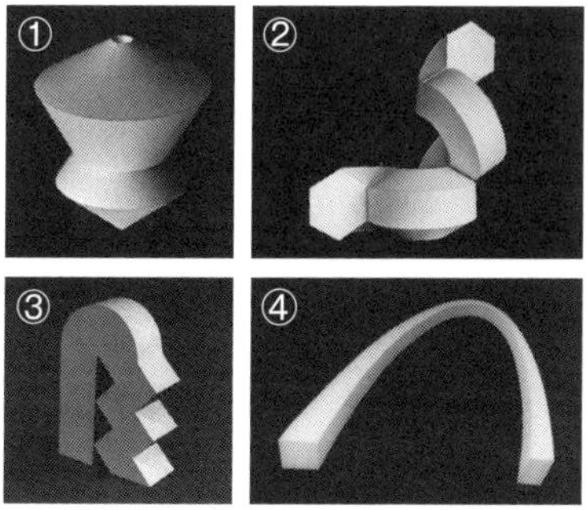

（写真Ⅱ）移動軌跡体の応用作品

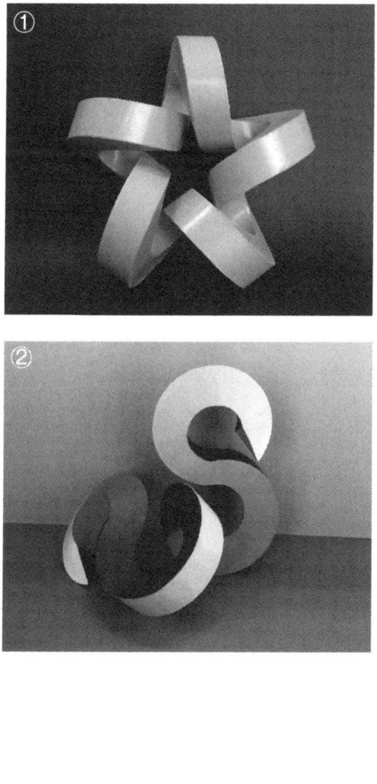

に対して斜めに一回転させる、②六角形の回転を途中で方向転換させた組み合わせ、③正方形の直進移動を途中で回転移動させたりする、④長方形を放物線に沿って縮小・拡大移動させて出来ている。

《 移動軌跡体による生活環境造り》

この様な基本操作を、さらに自動的に連続・組み合わせをしたり、自由な曲線イメージへと展開したり、具体的な目的や機能、設置場所や空間を想定しながら作られた、楽しくユニークな応用例が（写真Ⅱ）。①や②は、単なるオブジェでなく、今後の立体型CIマークに応用できそうであり、③は、公園や病院のベンチにもなり、④は、ベンチ付き滑り台になるかも知れず、⑤などは、ロビー内の腰かけや、壁に掛ければ華やかになり、⑦は、タテ・ヨコ置き方自在にしてのジュエリースタンドなどのディスプレイ装置となり、⑧は、環境モニュメントとしても十分迫力がある。等々、私達の生活環境を、視覚的にも行動的にも楽しませ潤おす装置として花咲かせるはずである。

　ところで外観こそ見えないが、同じく古代から続く資源採掘用の「坑道」や交通用「トンネル」等の空間造りが、移動軌跡体のネガ版だと見做すと、⑥のイメージなど、未来地下都市空間創造へと生かされるかもしれない。

《 移動軌跡体の発明力 》

　このように地球環境の範囲まで適用が可能ならば、とこの調子でゆ

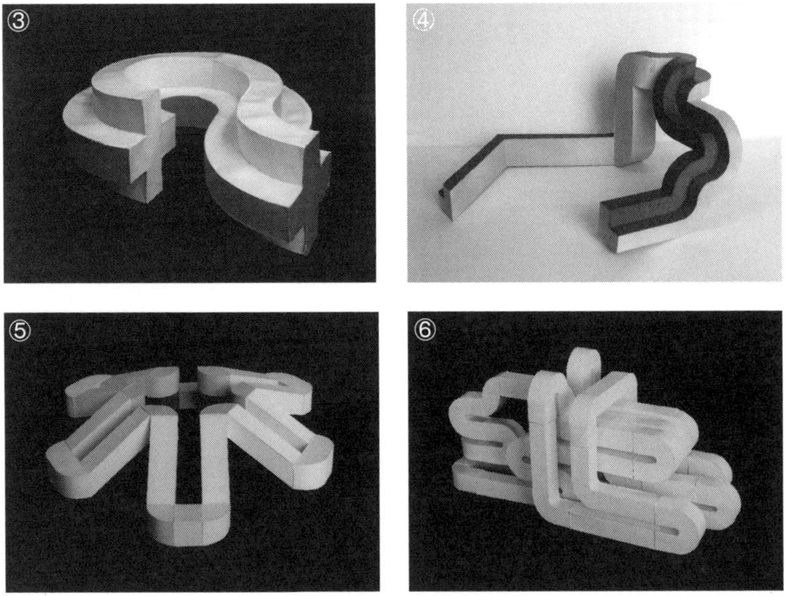

デザイン学科１年生 作品

⑦

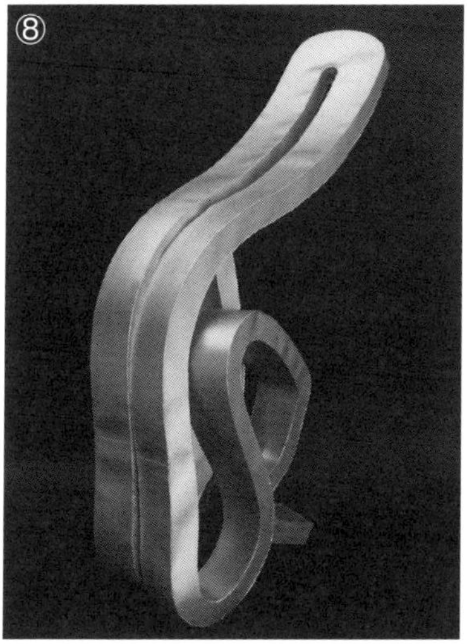

⑧

くと誰しも、ふと、「物体ではなく直進する光の動きも曲げられるのでは」と思いつくはずである。

そこで写真Ⅲは、光の反射という当たり前の自然原理のもと、試しに外形の稜線のスリット（すきま）を付けた逆さU字型移動軌跡体の内側に、銀紙をクシャクシャにして貼り付け、電球を一方から放つと、何と、光は乱反射しながらUターンするから驚きである。これはアインシュタインも想定外の「日常における相対性原理の体感」と言え、まさに奇跡の移動軌跡体パワー。これも学生の発案。

（写真Ⅲ）光は曲る？

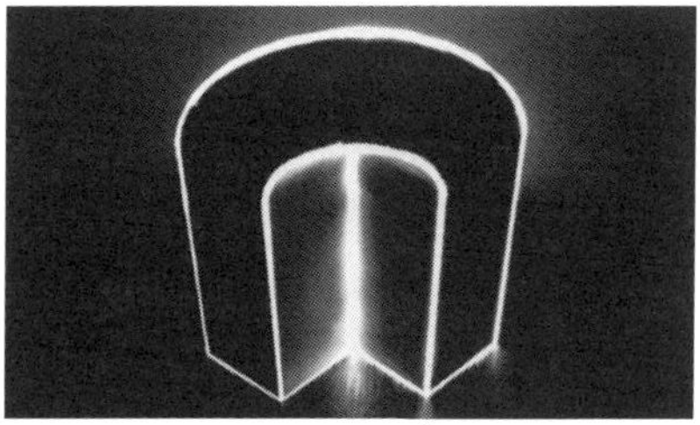

高橋 俊仁 作

誰でも創れるネオ・モダン建築への道

―― 体積½立体の応用 ――

日本人は西洋人と比較してヴォリューム表現に弱い等とよく言われ、ひいては「空間センスの欠如した民族」…とまで。ところがヴィーナスの彫像などに見るマッス（量）表現の元祖ギリシャで、平面空間の基礎である正方形の面積を２倍にする場合、元の正方形の一辺の長さを２倍にしてしまうという一般人民の間違い是正教育が、プラトンの悩みだったとは皮肉である。

そこでふと、これまでのどうとも解釈でき、吹けば飛ぶような空間センスを、2倍とか２分の1という数的規制でチェックし、そこからの発想による楽しい空間能力開発を紹介しよう。

《 基本立体の等積変換 》

立方体を同じ体積を持つ直方体や円錐などに変換すると、図1のように円錐の高さなど、何と立方体の3.8倍にも達するという異様さ。

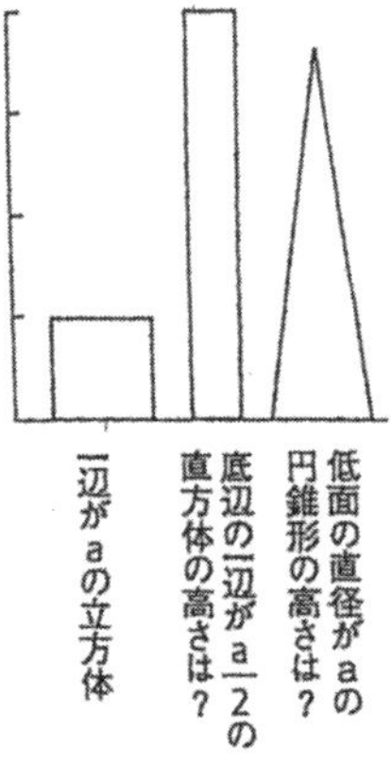

図1 基本立体の等積変換

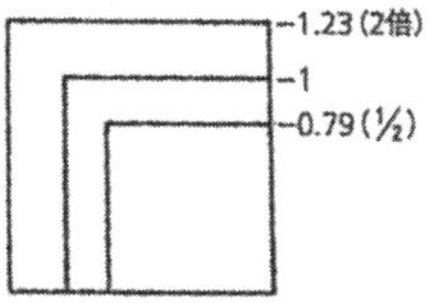

図2 立方体の体積変換（一辺の長さ）

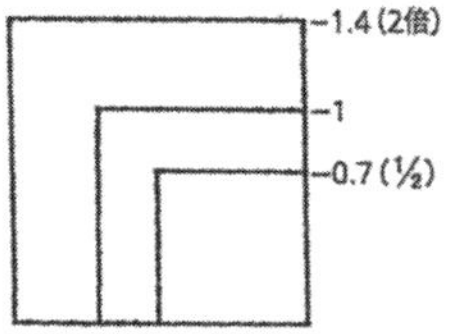

図3 正方形の面積変換

《 立方体の体積2倍、½変換 》

これらを昔習った立方根開立計算で行なうと長時間かかるが、$\sqrt[3]{\ }$キー付き電卓では瞬時に出来、その結果（図2）のやや意外な大きさに現代人は、正方形の$\sqrt{\ }$結果（図3）共ども

（写真1）体積½立体

慣れておこう。

《 体積 ½ 立体空間を楽しむ 》

とは言え、以上の数理感覚を土台にして、現代日本の建て込んだ都市空間や生活者の多様なニーズに対応できる現実問題を含め、◉居住建ぺい率や商業空間の視点から、もとの立方体のイメージを残しながら全体の体積（容積）を½にし、えぐられた空間の方が大きく見える意外性を持つ形態、◉施工現場も顔負けの容積誤差1000分の1以内とする、などの条件をもとに、空間デザインの基礎実習で学生に考案・制作してもらった結果の事例が写真1。

立方体をブロック分割し、その半分の個数を組み合わせたものや、それをさらに複雑に計算したもの①②、斜めの線や球まで応用したダイナミックで不思議な空間③④、具体的イメージ計算での理想の我が家⑤、凹凸プラス・マイナスゼロ発想による計算せずに出来たオブジェ⑥など、実にユニークでオリジナルな作品たち。これら無数とも言えるバリエーションの出現は、古代以来の人間本能に潜在する「2」というような数の持つ普遍性の顕在化なのであろうか。

これらの作品は、立方根キー付きの電卓と方眼紙だけであみ出された後、ケント紙とセメダインCで作られたものだから、超安あがりのうえ、建築家も愕然とさせるモダンなフォルム（写真①-7）まで登場となると、まさに無手勝流。

（写真1）

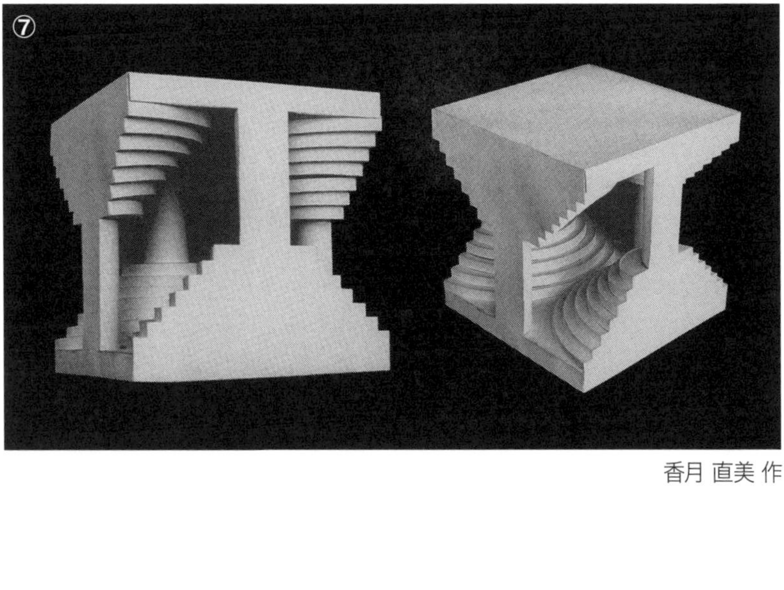

香月 直美 作

《 みんなで創ろう Neo モダンな都市空間 》

古代ギリシャでは面積 2 倍問題の正解へのプロセスが、あろうことか「道徳的真理への発見」という人論の原理であったならば、現代人はそれをもじって、老若男女全民による「$\sqrt[3]{\ }$・$\sqrt{\ }$型都市空間創造」というスットンキョウな社会原理が成立しても不思議ではない。

その一例として、イタリア初の世界的デザイン運動となった1980 年代の「ポスト・モダン」を超える2020 年代「Neo モダン」に向け、体積 ½ 空間による街づくり（写真 2）で楽しく練習しながら、世界も一目置く「空間センスの豊かな国」を目指そう。

（写真 2）体積 ½ 空間都市

九州産業大学デザイン学科 2 年生制作

誰でも身につく耐震工作教育法

――「のりしろ」から「線と線」接合術 ――

はてさて、日本を覆う自然災害から生命・生活を守るための術や発想を身に付ける方法は無いものか、との大問題を思い巡らす。私達の生活空間の大半が、基本的には平面材を加工したパネル材、フレーム材で構築された「平面材組合せ文明」と定義した時、ふと「地震」に対してならその対象が意外なところ――小学校の図工教育の見直しにあるかも、と直感する。

《「のりしろ」から「線と線の接合」へ。耐震教育への糸口》

私達は幼い頃から、紙で立体的な工作をするには必ず「のりしろ（糊代）」を使って、と金科玉条のように教わってきた。しかし立体物の基本形である立方体や円筒形に糊代を付けて組み立てる際、実は大きな矛盾が内在・顕在することに気づく。

図（1）のりしろ式円筒形

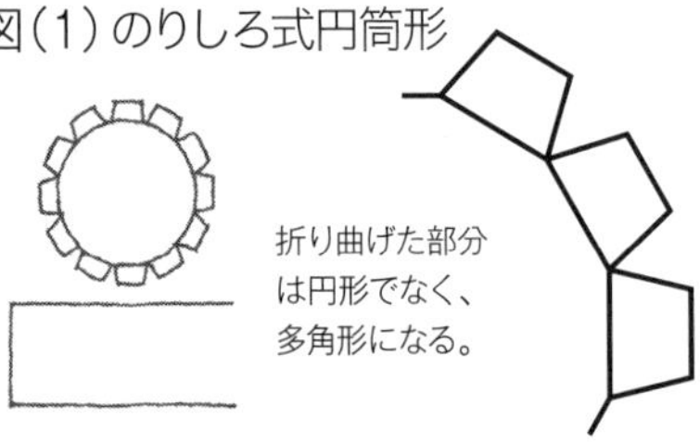

図（2）のりしろ式立方体

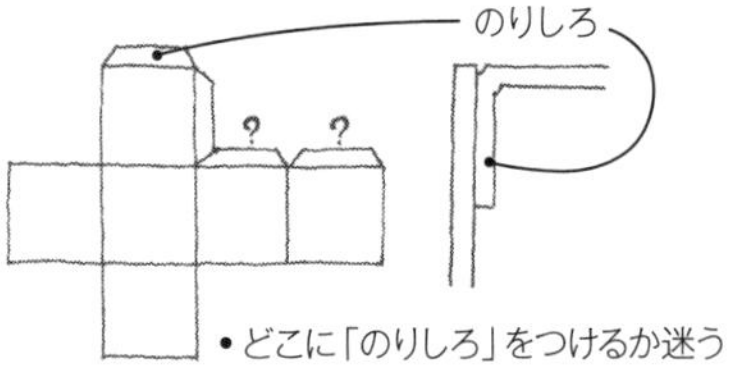

図（3）

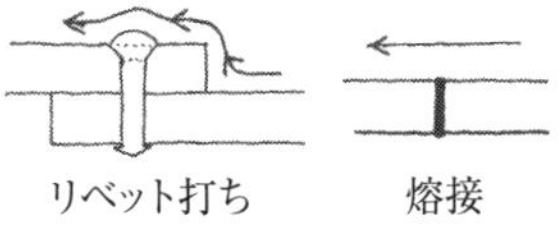

図（4）「線と線の接合」を中心とした
円筒形の組み立て

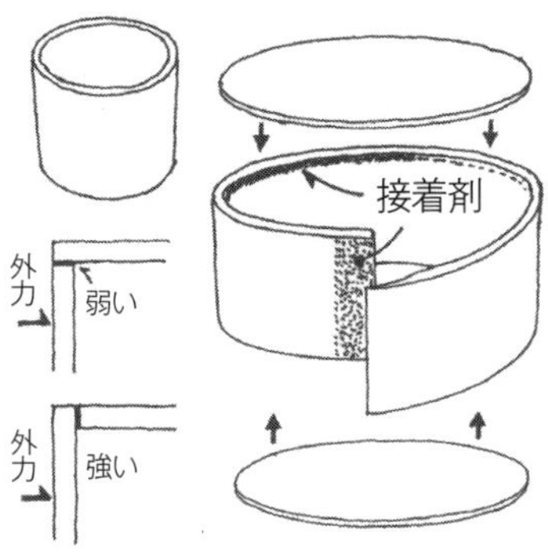

円筒形の制作には、一般的に図(1)のように円の周りにひまわり型を付けて行うが、その結果をよーく見ると、折れ線の連続から成る多角形になっており「円＝多角形」と、上下の面付近が多角柱的になりかねない矛盾が生じるのだ。

また立方体制作には図(2)のような６つの正方形の連続展開図の端に糊代部分を加え、内側に折り曲げ接着すると、厳密には表面の暑さが加わり、立方体の長さに誤差が生じてしまう。

これら糊代工作の二大問題を一挙に解決するのが、工作好きの児童なら気づくはずの「線と線の接着」という方法。

《 外力に強い工作教育 》

現に実際の建造物内の接合技術では、重量・経費節減や空気・流体抵抗軽減策として、「リベット(鋲)打ち」から「溶接工法」へと開発進化させている。即ち「面と面」から「線と線」への転化は、年令を問わない総合直観による。大哲学者カントの難解な言葉をもじって、「合目的的進化」のアナロジー(類比)かも知れない。

そこで今こそ、この接合技法を工作教育の基本とし、最大の敵である地震による「外力(水平・垂直荷重)」や「衝激」に対し、強い形態を持つ為の訓練をしてみよう。

具体的には、「現実の生活品目を対象としたモデル制作」というアナロジー(拡大・縮小)に相応しく、面材は画用紙でなく腰の強い「ケント紙」を使い、切断にはハサミでなくカッターナイフ。接着剤は乾燥時間と作業時間が一致する昔ながらの「セメダインC」を使用。

(以前紹介した「移動軌跡体」「体積½立体」の作品例もこの技法によるもの。)

《 耐震構造訓練を兼ねた工作例 》

写真(1)は、一枚の矩形を切断・切り込み・組合せだけで、外力に強くなるようあれこれとゲーム感覚で構成しつつ、家具機能を持つ形態にしてゆく練習。(もし被災地にパネル廃材が残っていれば、そのまま適用できるかも知れない手法?)

写真(2)は、平面材を水平・垂直に組み合わせて出来たかのような、近代機能的合理主義建築の典型と言える「バウハウス」の校舎を、線と線の接着のみできっちり組み立てた模型。

写真(3)は、図(4)の円筒形制作技法等を応用し、内部構造も推測しながら、全て紙で本物そっくりに堅固に制作された国内外の展示でも話題となった、学生による工業製品の模倣再現作品(ミメーシス・アート)で、別な素材への変換作業中、時々意外な発明・発見が生まれたりするから、逆に創造的工作とも言える。

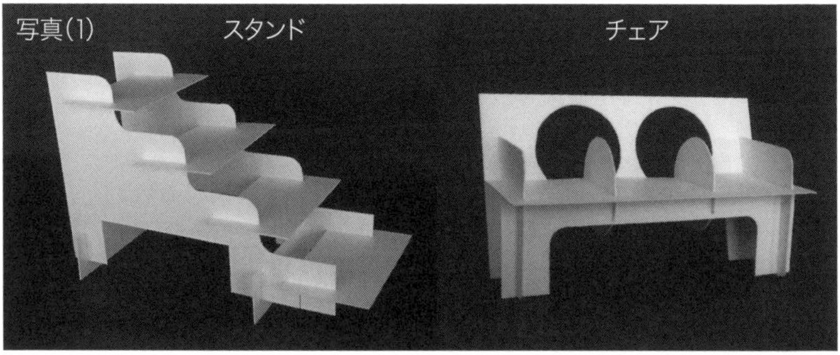

写真(1)

溶接技術や板材どうしのエッジ結合技術が、ますます進歩する今日においてこそ、子どもの頃からこの「線・線接合工作」を義務付けておけば、誰もが集中力を発揮して楽しみながら出来、最も安あがりな耐震教育術の一環となるはずである。

写真(2)
バウハウス校舎

写真(3)
消化器
一眼レフカメラ

写真(1)(2)(3)は九州産業大学デザイン学科1年生作

誰でも作れるトラス・アート空間

── 耐震デザインの基礎 ──

巨大地震の直後、主に土や石で出来た建物の国での「瓦礫の山」という無残な形に比べ、木造家屋日本では大半がペシャンコになってすぐ撤去されたりするが、かろうじて倒壊寸前の「斜め平行四辺形」の哀れな姿が、強烈な風土的差異として印象を残す。

《 筋交い・トラスの直感的理解 》

図1のように矩形〔直角四辺形(a)〕を基本とする空間形体は、結合部が頑強な剛接合でなくピン型接合状態の場合、そのまま外から力が加われば平行四辺形(b)になり、果ては無形(c)となる。ところでこの流れは何も物理・工学的知識が無くとも、実は「力を目で判断(視覚力学)」するだけで誰でも直観できる。従ってそれを食い止めるには、四角形を対角線材で結合するだけでOK、とこれまた小学生でも思いつく。何のことはない、これが世に言う建築用語の「トラス構造(三角形骨組)」であり、伝統的な「筋交《か》い」の原理であったのだ。

図1

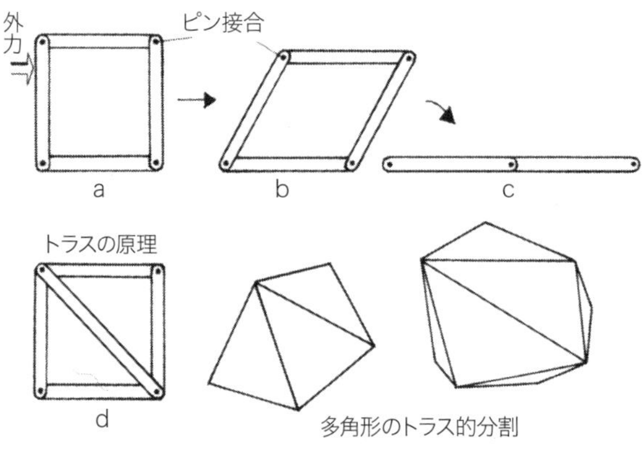

図2

リンゴの鉛筆デッサン

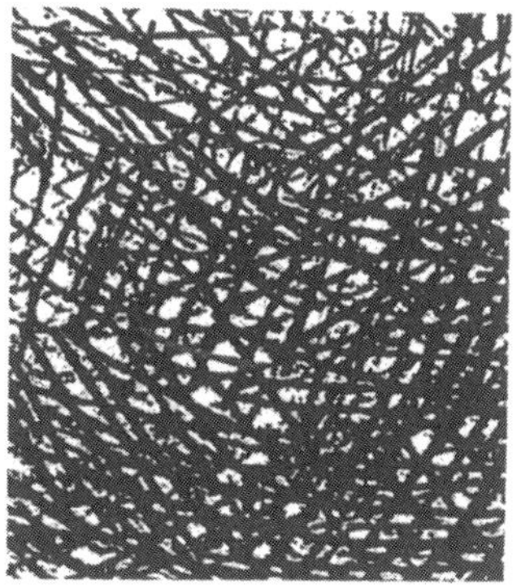

白い枠内の拡大部分

《 デッサンはトラスである!! 》

この地震国家日本建築への横揺れという水平方向からの外力に対する最高抵抗力が、「トラスによる空間構造体の三角形分割」だと自覚した時、ふと或るとんでもないアナロジー(類比)に思い当たった。ある日リンゴを鉛筆デッサンしていたところ、そのボリューム感や質感を線の粗密や濃淡で描き上げた後、出来ばえを拡大鏡で見て驚いたのだ(図2)。単なる線の交差集合体と思っていたのだが、意外なことに三角形がどんどん現れてくるではないか！拡大するほどに三角形は多発し、逆にリンゴは三角形で構成されているのではと錯覚したとたん、「デッサンはトラスである」との天啓にも似た公理を発見した思いであった。

であるなら、トラス構造は、高度な工学的知識なんぞではなく、万人に視覚的・身体的本能として備わった「自然能力」だとも言えよう。

《 誰でも出来るトラス・アート空間 》

では駄洒落ではないが、このトラス(truss)能力を信じて(trust)、超気楽にトラスによる立体空間を構築してみよう。まず前提として、デッサンの「線(三角形)が多くなるほど具象的形体」となり、線が少ないほどに抽象的になる。というこれまた「抽象と具象」と言う世の中で最も難しそうな反対原理の現象のもとに、森羅万象さまざまなものをテーマにしてみよう。

・トラスデッサンの方法は◉全体イメージを描いた後、三角形に分割してゆく。または◉三角形によって全体を描いてゆく。

・ 制作用具は、例えば市販の木製 2mm 角材を用い、接合には瞬間接着剤でなく、作業時間と乾燥時間の相関から、昔ながらのセメダインCまたは木工用ボンドを使用。

以上の方法で制作された作品(写真1:大学1年生作)など、最強の立体トラスである正四面体原理から万博ドームなどの大空間を開発した、アメリカのダ・ヴィンチと称されたバックミンスター・フラーもニヤリとしそうなユニークなアート空間が出現。

この誰もが持つ能力を、震災後の被災地住民が発揮すれば、無数の木材瓦礫が住空間はもちろんのこと、街のシンボルタワーや未来への最先端空間イメージ発想まで縦横無尽に応用・適応できる。

また、トラスの数を逆に少なくする方向でも、写真2のような従来の「和風イコール水平垂直」との通念とは異なる、Neo 和風とも言える具象的なトラス型チェアー等。あげくの果てには、筋交い応用の住空間の矩体そのものまで耐震化可能なはず。いずれにせよ木材風土・地震国日本は、未来へ向けて装い新たな筋交い・トラス型空間民族を目指してみよう。

写真 1　　トラス・アート

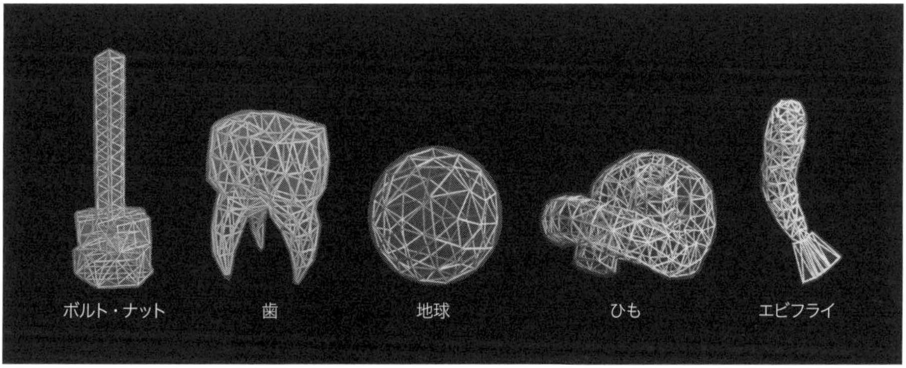

写真 2

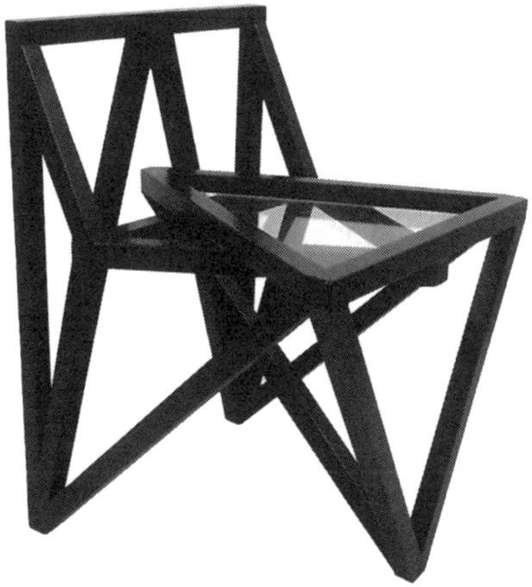

トラス・チェアー
木村 隆明 作

対自然災害へのイラスト発想
—— 非自然死防衛ランド案も ——

ここ数年で、自然災害多発国家に相応しく様々な自然の脅威を身に染みて感じさせられた私達は、たとえ地震工学や土木・建築・都市計画の専門家でなくとも、人間の命と生活空間を守る防災国家への発想やアイデアは出せないものか….。と、ふと意外な方法と、さまざまな発想を思いつく。

《 断面イラストで楽しむ防災ランド構想 》

ノートに山岳国家日本の断面をメモしながら、さて土砂崩落災害に対応するには——と、ペンを走らせていると、自動的にその防災案と同時に宅地造成アイデアのようなイラストが出はじめる。では肝心の生命を守るには…そうだ、100万年以上にわたって人類が外敵・天災からの安全空間として利用してきた「洞窟」概念を「地中」と解釈すれば、地震の時でも岩盤の強い山麓の地中の構造体は、山麓と共に働くので、矩体自体は無傷のまま安全という好条件のもと、無限の生活空間が現代技術では可能なはず、とばかり山腹地中利用の風水害にも強いテラスハウスや、地下部分中心の地上一体型「地下高層マンション」などなど。

更にはコンクリート板の底なし方舟を洋上で連結すれば避難ランドにもなり、国土倍増案と巨大地下空間都市を合わせた壮大な防災ランド計画。小は、自己の身体を家と家具の倒壊から守るための地下空間一体型のデザインを、と次から次へと自分の想いがプロの計画図並みに出て来そうなのは、特に「構造体は断面図から発想」が基本だからでもあろう。

こうして、イラスト本来の意味である「図解説明」の機能を発揮させながら、さながらダ・ヴィンチ的スケッチ気分の断面イラストアイデア

イラスト・メモ

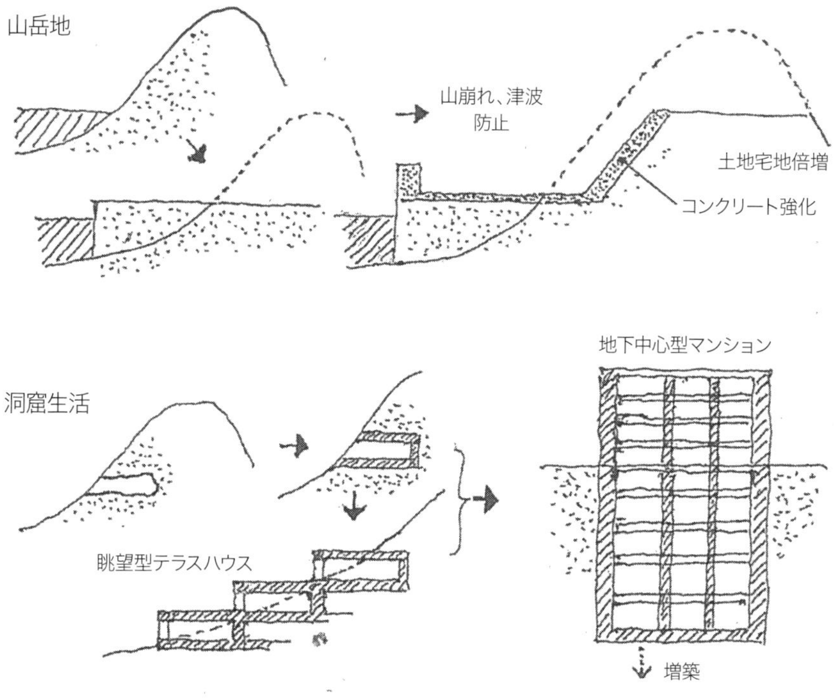

イラスト・メモ

未来防災生活ランド構想

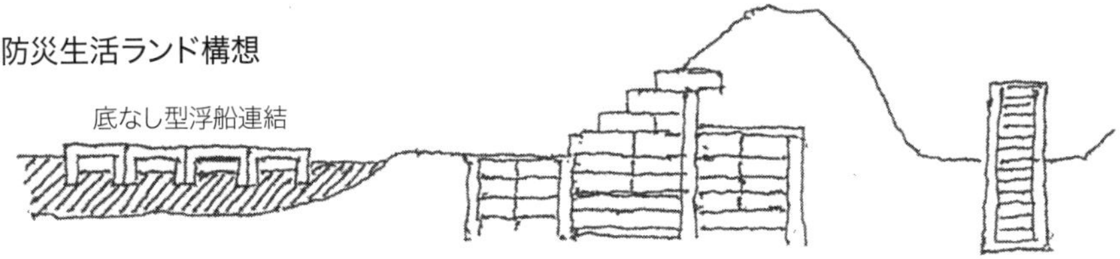

地下住居の安全インテリア

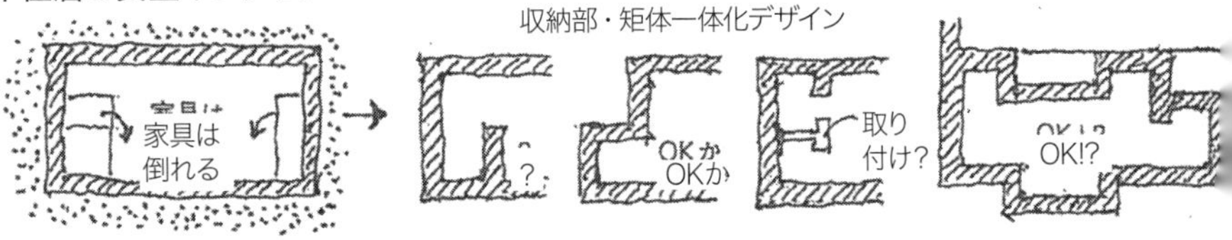

術で、私達の防災意識を高めてゆこう。

次に「人体」を災害から守る方法への、異様とも思える防災策を、私個人の誇大妄想的経験から提案をしてみよう。

《 非自然死防衛 LAND 》

ある時ふと、人間が老衰で死ぬのを「自然死」とし、それ以外の原因で死ぬのを「非自然死」と名付けてみたとたん、人類の「戦い」とは「非自然死を防衛・防禦すること」との定義が自動的に為されてしまった。

近現代人が自ら望まない不意の非自然死とは、地震、津波、洪水、伝染病、事故、戦争、原爆等による。しかし人類史レベルで見ると、人間が集合して人工構造体内生活者になって初めて、大地震などで大量死が生じるのであって、洞窟時代の原始人にはせいぜい運悪く「地割れ」にはまって死ぬ程度か。それよりも猛獣に襲われての死などが一般的。

様々な人類史レベルでの非自然死を全体として防止するにはと、途方もなく妄想を肥大化させていた時、例の高橋宇宙仮説による「ノアの大洪水」の新提案の映画化を構想していた、昨今のゴジラ・ブームの仕掛人で『ゴジラ対ヘドラ』(1971年)の監督、板野義光氏との検討を想い起こし、それらを含めての「非自然死防衛ランド」とは?

自然災害の種類の多さと、怪獣の妖怪化が得意な日本が発信する、「防災と命」のセンスを楽しみながらマスターできる新しいテーマパークニなるかも知れない….と。

ひとつ皆さんも、内在する妄想部分を大いに発揮させての防災構想をイラストしてみましょう。

自然一体型耐震ランドスケープ

―― 地震国家への空間デザイン ――

熊本地震での異様なと思われるほどのショッキングな、「2 週間ほどで震度1以上が100回、1カ月余で1500回」等という数字報道。同じ島国でも、数100年に1回位しか揺れない大地のイギリスなどと比較すれば、日本とは本当に「超」がいくつも付くほどのウルトラ地震国家だと改めて思い知らされる。

日本の優れた免震技術も、そんな自然の持つ快力に対しては儚《はかな》く、結局は仏教的無常観で諦める他ないのだろうか。と言って、それ以外では恩恵の方が多い自然の中に生きる私達は、「対」自然として敵対的な発想でなく、何とか「共存」する手はないのか。と思った時、ふと先史時代に世界的に2万年ほども続いた竪穴式住居は、大地をえぐって床を半地下構造にしたので、地震には意外と無難だったのでは、と。その深層心理の現代への応用とも言える「地下街」は、阪神大震災の時も

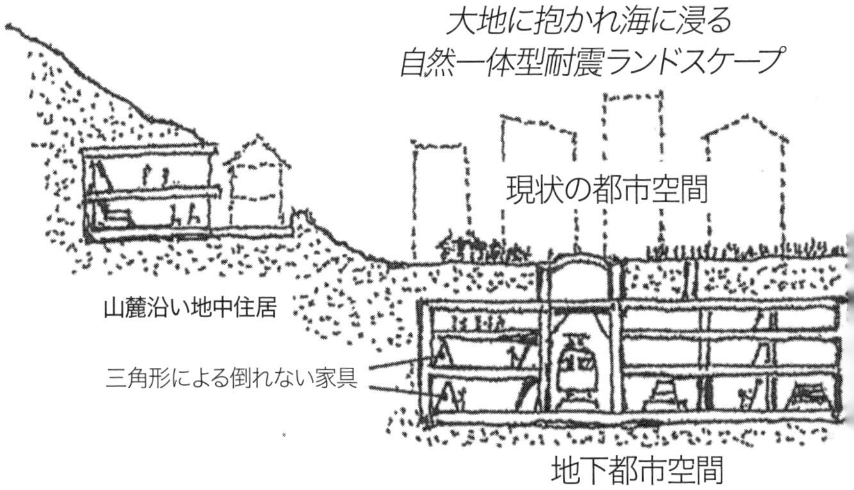

矩体自体は殆んど損傷がなかったようだ。つまり地下空間の矩体は、密着した大地と共に働いただけのことだから。

この自明な原理に基づき、あたかも柔道の原理にも似た「押さば引け」の如く、自然体で、自然と共に、さながら大地に抱かれた「自然一体型」空間と見なし、「対震」でなく「耐震」生活空間の基本として、日本全土にわたっての壮大なランドスケープ構想をしてみよう。

以前にも紹介したが、一人当りの空間を、巾5m、奥行き5m、高さは今回は 2.5m とし、全人口を1億2800万人として $\sqrt[3]{5\times5\times2.5\times1.28\text{億}}$ と、電卓の立方根キーを押すだけで、意外にも1辺2000mという単純な立方体空間となってしまう。

《 平地の地下住空間 》

この様に全日本人口の生活空間が、僅か富士山の高さの半分強の立方体で納まるのかと唖然とするが、2000m÷2.5mで800階分の地下空間建設など超不可能。

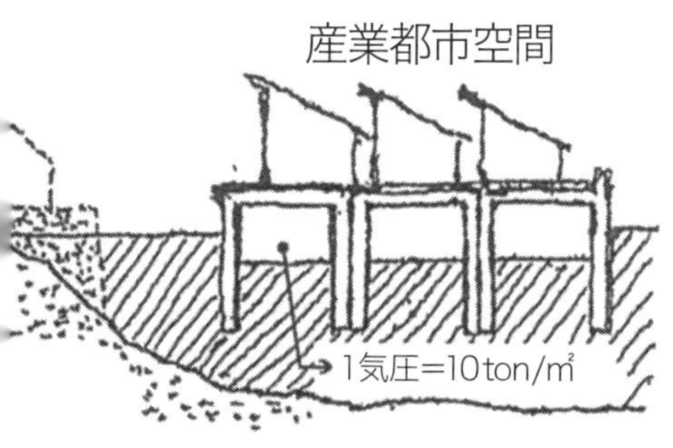

では巾2km四方はそのままにして地下を5階建てにすると160箇所分が必要となる。地下10階建まで可能なら40箇、それを各都道府県に割り振れば、と案外リアルになる。職場空間も住空間分を同じとすると、2倍の容積を按排すれば良い。

（実際の実現化には、例えば厚さ50cmの強化コンクリートパネルで造り、壁厚、床、天井厚を含めて計算。）

こうすれば、それまで地上に屹立していたビル群内生活では殆んど見えなくなっていた自然の山々がまる見えとなり、夜空の深奥な宇宙にも浸《ひた》れ、足許は広大な食料生産地ともなる。

《 山麓沿い地中住居 》

また、外界に開かれながらも自然と一体化する耐震空間として、まさに山々に抱かれての、山麓地中住居なるものを考えてみよう。ここでも家の表の巾を5m/人として掛け算してみると、全人口分の地中住居は64万kmとなり、これまた偶然にも日本の道路総延長が128万kmと言われるちょうど半分である。1家族4人の一軒家が10m四方とすると、2家族の2階建て山麓住居は道路総延長の1/8となる。道路の大半が大都市に集中しているので、地方の山麓道路沿いに納まりそうである。

現に目下の山麓高台平地に建つ住居は、地震や崖崩れでたやすく潰れ落ちるが、強固なコンクリート板で構築された住空間全体を傾斜のゆるやかな山中に埋め込めば、大丈夫なはず。

《 地震で倒れない家具デザイン 》

そして、今後の地震国家日本での生活上、最大級の変革をしなければならない事は、「倒れない家具づくり」であろう。地中住居の矩体は地震に無関係にちかいが、地上の住居同様に中に置かれた家具は特に横揺れに弱い。だからこの際補強を付けたりするのでなく、単に「三

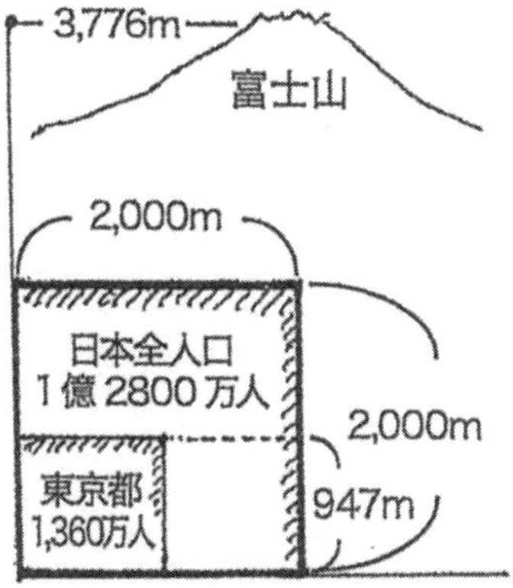

日本人生活空間の立体化

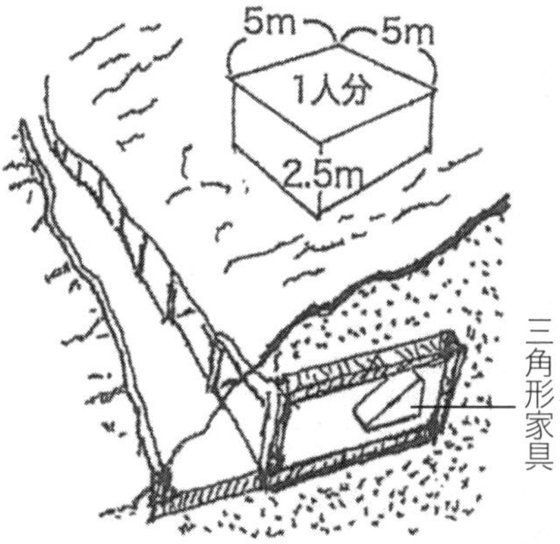

山麓コンクリートパネル埋め込み空間

角形の底辺を床面にした型を応用する」だけの生命安全（リビング）デザイン改革が必要となりそうだ。更には、家の矩体そのものを強靭化するほどの、筋交いを超えた三角形応用家具を皆で考えよう。

　以上のような一見スットンキョウな発想を楽しみながら、地震の殆んど起こらないイギリスが地上の産業革命をもたらしたのに対して、超地震国家日本は、地中開発産業を中心とした『自然革命』を率先してもらいたいものである。

「筋交いトラス空間」の温故創新

―― 竪穴式から和のトラス・ハウスへ ――

世界的にも希《まれ》なほど、このところ多くの自然災害を受けている日本の中で、毎日を恐れおののかずに安心して暮らせる生活空間とは、と改めて思ってしまう。

大地震に加え、最近では人知の為せる結果とも言われている温暖化による台風と大豪雨の頻発で、大変。床下どころか、床上までの土砂浸水に対して、一体どう対応すれば…と思った時、ふと昔習ったあの竪穴式弥生時代に発展したとされる「高床式」を想い出す。

ところで、耐震構造の原理とされるトラス（三角形）構造体の 'truss' の本来の意味は「束ねる、支える」であり、竪穴式住居は太い柱を中心に立て、細い木材を斜めにした上に稲作の藁《わら》をかぶせて、上を束ねて出来た三角形を原理とする空間と言え、まさに古代人の防災兼用の本能的形態だったのかも。

《 耐震用「筋交《すじか》いトラス型空間」 》

そこで先ず超古代から続く大地震に少しでも対応、防禦するために、高床式直方体型住空間の定着に伴い、外力によって傾いた平行四辺形になりがちな矩体に、対角線材を入れることにより、矩形を維持する「筋交い」という三角形装置を発達させて来た。この形式は日本建築の基礎となり、結合部分の改良強化アイデアは永久《とわ》に続く。

それより遥かに地震にも安全な空間構造が、耐震目的で考案された訳ではないが、アメリカのバックミンスター・フラーによる「ジオデシック（geodejics：測地線）ドーム」の大発明（1947年）。大は万博パビリオンから、小は、今では誰もが自分で組み立てられる三角形トラス組み合わせ型の、安くて安全なドーム・ハウスまで、目下世界の災害国家で急激に応用、採用されつつある。

そこで私達は、フラーのトラス複合型空間とも言えるものと、柱と筋交いを中心とした空間を結合させて《 筋交いトラス型空間 》として、あのダ・ヴィンチによる意外に素人的なアイデアスケッチ図を真似た気分で、「温故創新」的にいろんなイメージを図化してみよう。

その際、形状的に「和」のイメージを残したいなら、単なる水平・垂直でなく、本来の意味の形象化とも言える、柔かな「反《そ》り」と「起《むく》り」の組み合わせにも心掛けるように。

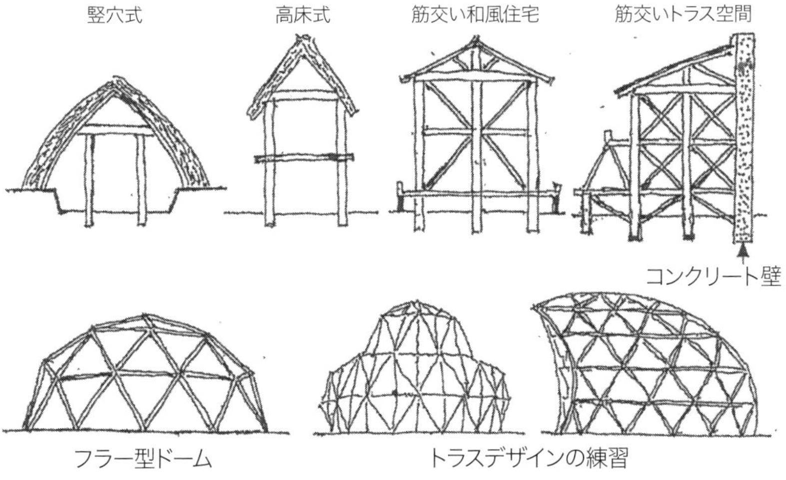

《 耐水用「筋交いトラス型空間」》

そこで最近の豪雨や洪水にも耐えられるようなアイデアとは？

筋交いトラス Neo 和空間？

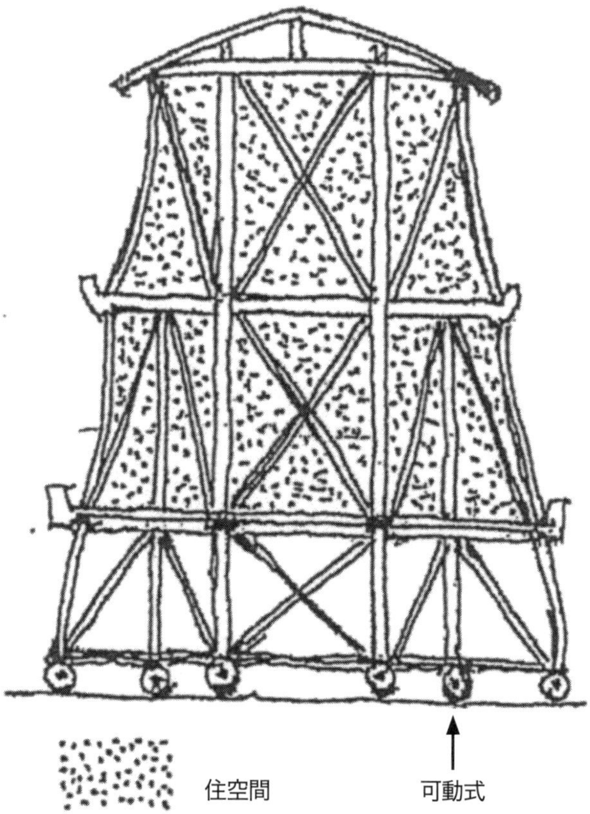

よく起こる背後の山が崩れての土砂流にも耐えられる住居にするには、筋交いトラスハウスに背面をコンクリート壁にして….しかし、これでもまだ十分な防禦にならないかも。

ところで今の日本では、床下が物置になっていたり床下暖房機などのため、床下全体を覆《おお》ってしまっているので、逆にそれが災いし、豪水がすぐ床上にまで上がってしまうという、最近おきまりの映像風景。

それを解決するには、実は何のことはない。床下部分に囲いを付けずに、泥水をスーッと素通りさせるように（現代の東南アジアの沿を岸で見られる風景型に）床下を元の姿に戻すだけで良い。

《 自然への「対」「耐」「防」から「避」へ 》

しかし、今後の更なる超大地震、超豪雨という自然の猛威力からも安心でいられるには、自然に向かって従来の「対、耐、防」などの概念からの発想で良いのかどうか？

そこでふと思うに、あの又もや柔道の極意である「押さば、回れ」の哲理を応用した、『避』としてみれば、ひょっとして自然の力に勝てるかも、と。たとえば、大災害で「自分の生活空間から離れて」安全な場所へ避難するのではなく、高床式筋交いトラス住宅自体に移動装置を付け、「自分と生活空間が一体となって」まるごと、揺れや土砂水から「回避、逃げ回る」のである。

等と、ともかくフラーの『宇宙船地球号』精神のミニ版とも言える「宇宙タクシー」の向うを張って、自然力との歴史的共存国として、陸上・沿岸での『地球船宇宙号』的アイデアを出してみようではないか。

マンション・バルコニーに掛け軸型自然を

―― 災害国家の「自然」認識装置 ――

美しく、愛すべき自然の姿に囲まれた日本は、同時に大昔から地震、津波はもとより、山崩れ、火砕流、地すべり等々、世界でも珍しいほどの多様な災害のるつぼ国家と言えそうだ。この恐ろしい力を秘める自然の脅威が人間に与える結果を、「諸行無常」として自明のように諦めるのでなく、改めて「自然とは何ぞや」と、自然の「実体」をよく考え認識した後に、身を守る術なり方法なりを考案したほうが、とつくづく思う。

ところが現代日本の生活者は、年々この自然との関係が薄くなりつつある。全人口の半分ほどが都市の集合住宅（マンション）に住み、日常の大半をビルなどの人工環境で過ごしており、自然の姿などあまりお目にかかれない状況。

そんな中ふと、マクロな自然をミクロな生活空間に取り入れ、毎日のように自然と対面できる伝統的用具である、あの床の間の「掛け軸」という装置の応用を思いつく。

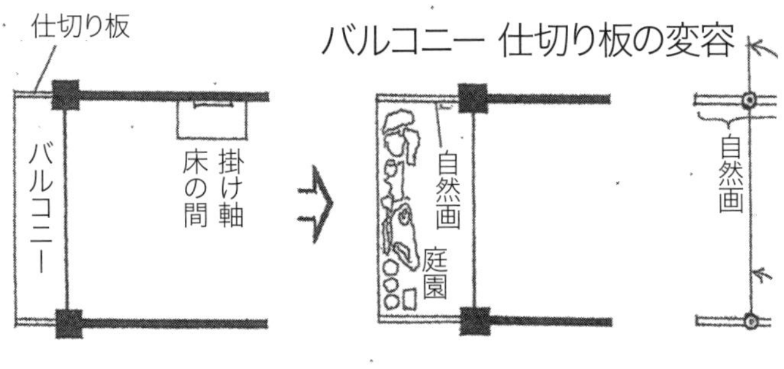

《 山水画掛け軸の「自然」表現方法 》

ややおだやかな地勢の多いヨーロッパ諸国に比べ、山岳・豪雨地帯と大平原・大河を持つ中国では、「紙」の発明と共に、自然と人間社会を「山水画」的に表現する術が広まり、さらにはそれを縦（たて）型に凝集して発展した掛け軸も、長い歴史を持つ。

その表現方法は、例えば日本で有名な「源氏絵巻」などで描かれている、家屋の奥行きが平行に描かれ、時には奥が広がって逆遠近法的に見えたりする「平行斜投図」画法が原理となっている。西欧では逆に、人間の視覚を中心に全ての物体の外形は「消点」へと奥行きが小さくなる写真のようなリアルな感じの「透視図」が開発されたが、その形状には当然のことながら、人工物の持つ実際の寸法を示す正面図などの形（実形）と実際の奥行きの長さ（実長）は、殆んど表れてこない。

ところが面白いことにと言うか当然なことに、平行斜投図の方が、人工物の正面は実形、奥行きは実長を表示し、そのままの形で遠くに存在するものを小さく表現してゆく、まるで遠小近大の略語のような「遠近法」を全体の原理とする中国の山水画の方が、逆により合理的で客観的情報が得られる方法とも言えそうである。

《 タテ型自然をバルコニーに 》

そこでこの誰もが享受できそうな、歴史的に深層心理化したメリットを、現代では情報機器からの外界情報に囲まれてか、年々少なくなっている掛け軸に、新たな装《よそお》いで表に出てもらう。即ちバルコニーやベラン

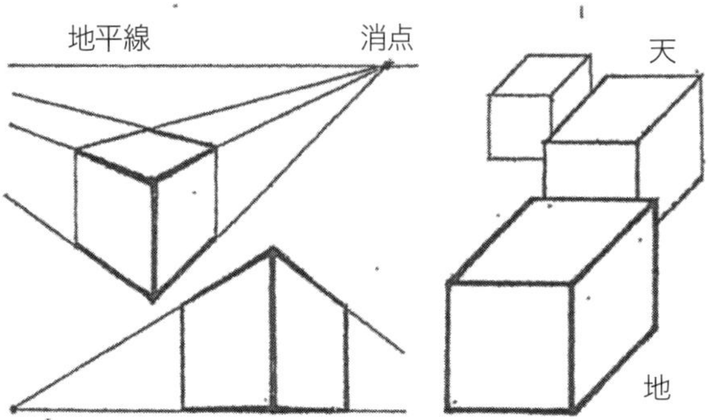

透視図　平行投像図 による 遠近法

ダの「仕切り板」を、自然認識装置にしてみるのである。

マンション住民にとって、今では外界風景の一部にまでなっているお隣との仕切り版と、その上に書かれた全国一律の非常時用の「2行文句」の代りに、自然の「実態」を我がものとさせる内容を持つ装置に変容させるのだ。その為には、上述の二千年の伝統を持つ平行斜投図的遠近法を原理とし、近隣の自然環境を中心に、現代科学技術を動員して、自然一般の姿をタテ長に3Dパネル化したり、AIのフル活用による、美しくも恐ろしき自然構造・メカニズムを視覚化、数値化などして、その実態が誰でも判り、非常時にも万全な反応ができる情報機能パネルとする。

もし、バルコニーの巾はそのままでも奥行きを長く出来れば、ダイナミックな自然像と憧れの小型庭園の両方が贅沢に満喫可能となるかも。現状のままでも、仕切り版自体の巾を２倍にし、中心で回転可能な構造が出来れば、非常の際には「け破る」のでなく、自動的に自然パネルを半分回転させるだけで良い….等といろいろ考えてみよう。

《 日本の自然表現は山水画よりも「山海画」「海山画」に 》

ところで、日本は中国と全く異なり、全土が海に囲まれた国であり、その中身は２割の沿岸・平地と８割の山岳・山麓から成っているので、自然全体の表現は山水画というよりも、「山海画」であり「海山画」であると言わなければならないようだ。

山海画

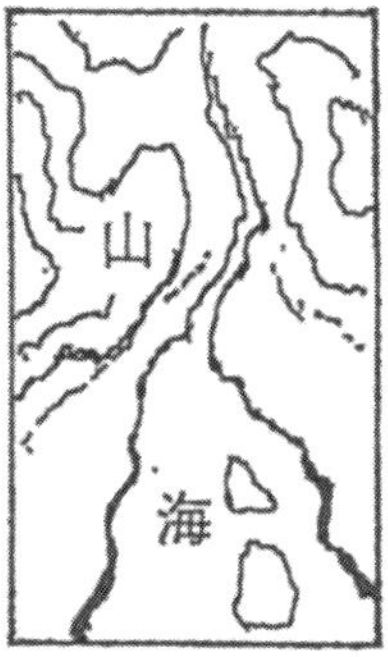

海山画

この新概念に基づく日本自然の装置制作に当っては、なにもマンション建設業者や専門家だけに任せるのではなく、住人自ら過去の災害映像やデータを、我が家向きに取捨選択したり組み合わせては、独自なアイデアを出し合ってみよう。そしてカメラやスマホで、ヒントになりそうな風景の諸相を、タテ型に構えて撮ることも心掛けておこう。

河川の上に社会を創る

——「地政学」に代わる「河政学」的風土改装案 ——

私達この日本列島に棲む人々は古来この方、三方を山に囲まれ川の流れる平地の上に、延々と生活を熟《こな》して来た。この地形のことを古代人は「ヤマト」(後の大和)と呼んだようだが、美しき響きと姿を持つ国は、同時に世界的にも稀なほどの自然災害国家でもある。

特に最近多い、豪雨による川の氾濫の大災害の有り様は、メディアの映像などで見るにつけ、ゾーッとする。データによると、豪雨時には平均の30～100倍の量の水、洪水氾濫地域は国土の10%(それは日本人口の大半が住む耕地、平地帯)、その範囲に国家資産・財産の75%が集中している日本。

そんな時ふと、この本来の河川の姿をそのまま逆利用することで、新たな「自然防災防禦《ぼうぎょ》国」へと変身できないかどうか、との妄想的イメージが湧いてきた。

《 川の橋を、線的から面・量的に空間化 》

それは何のことは無い。私たちが今ではほぼ毎日眼にし、通っている、河川に架かるトラス(三角形筋交い型)構造を中心とする「鉄橋」を、道路という一次元的なものから、三次元空間へと応用するだけのことなのである。

現実的には、例えばイタリアのアルノ川の氾濫に改造・構築されて以後耐え続け、近年は世界遺産としても有名なあの橋、「ポンテ・ベッキオ(Ponte Vecchio)」は、橋の上の両サイドに量的に上方へと商店・住居を3、4階に建て並べたものと見なし、図①の様に、それをそのまま河川上の奥行へと連続移動させて三次元空間化してゆく。

図①

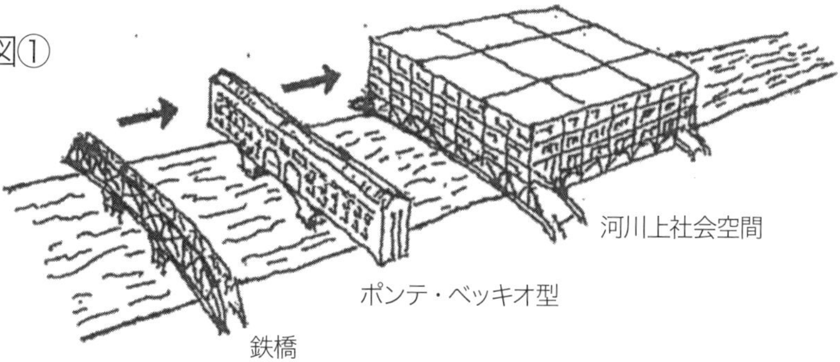
河川上社会空間
ポンテ・ベッキオ型
鉄橋

図②

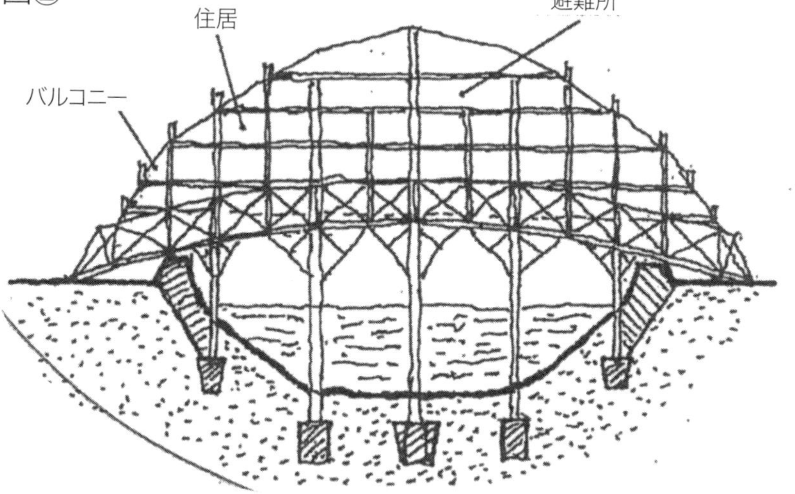
避難所
住居
バルコニー

《 河川上の市・町・村の空間機能 》

橋桁の高さは、想定される最大級増水時の水嵩《かさ》以上にし、川底深く支柱を埋め込み、その上に日本の耐震型鉄骨構造技術をフルに動員しながら、1家族4人を100m四方で高さ3m空間を単位として、市町村の人口に応じて低～高層化してみる。

橋の上100m四方空間では100軒が出来、400人が暮らせ、5階建てにすれば2,000人分の村が形成され、500m四方の5階建てでは何と一挙5万人の市が誕生！と、急に凄い新空間社会となる。更に、より具体的に将来の人口減少も考え、日本全土の一級、二級、準用河川を合わせて3.5万本ほどもある各川の上に、200m四方に2階建て住居を並べるだけで、1億1,200万人分がスッポリと納まる勘定になる。

こうして図2のように、大半の人がそこに住めば、豪雨災害に対して安全で、河川沿いに住み続ける人達の避難場所にも別宅にもなる。また図③のようにすれば、明治以降の日本人には不可欠な、電気エネルギー生活の供給も、この空間内で水力、風力、ソーラー発電など、容易かつ複合的にも可能なはず。更にはボートのマルチ開発による河川新交通や、また可能ならば特に水災害の多い下流域では、河川に平行する中央道路空間まで内蔵させてみる、等々。

《 河政学によるネオ・ヤマト国を 》

こうして世界先進国にあって川の多い日本が、今こそ河川上空間創造をメインとすれば、古代以来の住生活や生産機能の大半を内蔵したNeo水災害防禦社会となる。と同時に、これまで人口増で都市化

図③

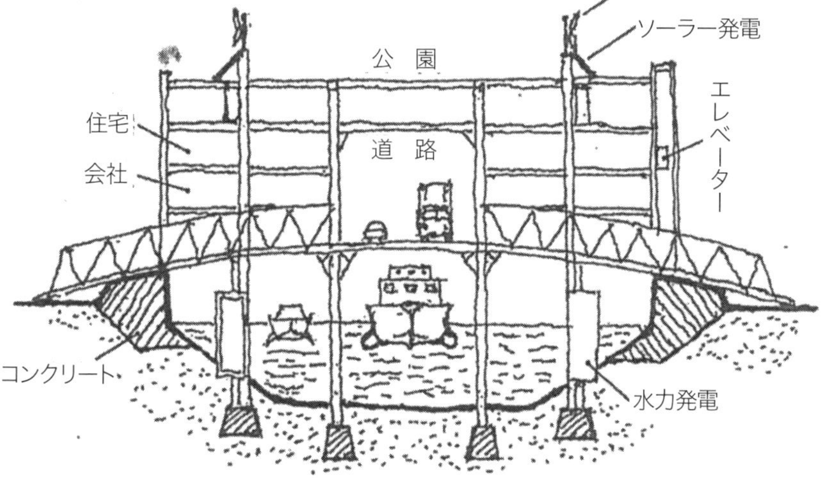

するほどビルが林立し、背景の自然風景が見えにくくなっている現代日常風景が一転して、「自然まる見え」のランド・スケープ世界になるはずである。

西洋的国家原理にまでなっている「地政学（ジオポリティックスgeo-politics）」に対する、日本的「河政学（リバポリティクスriverpolitics）」とでも言えるこの新概念の許に、今後の日本は鉄より強いエコ素材を開発し、伝統的筋交い精神を生かしながら、川の上の国造りを….。先ずは「河」「川」の名の付く方や市町村に住む方が中心となって、500 年も前のレオナルド・ダヴィンチですらもトライした、地形デザインを凌ぐアイデア・スケッチに挑み、川を中心とした国土を傷つけない「ネオ・ヤマト国」へと改装してもらいたい、と妄想は尽きない。

ギザギザ連結列島案

―― 河川間水路の上に生活空間を ――

　私達の住む日本という国の自然風土を、物理的または無機物的な側面から観れば、世界でも珍しいほどの多様な自然災害国であろう。それが巻き起こす人間社会への被災という大問題と、最近の報道映像でも自覚させられる豪雨洪水による人口的土台としての平地被害や、皮肉にも人間の手が加わった山麓植林の崖崩れ等々。

《 川と川の連結水路上に生活空間を創る 》

　それから少しでも安全な策として、面積では小国ながら世界のトップクラスの沿岸の長さと河川の多さを逆用すればと、前回は「河川の上に

日本の海岸に流れる川と川の間を水路で連結

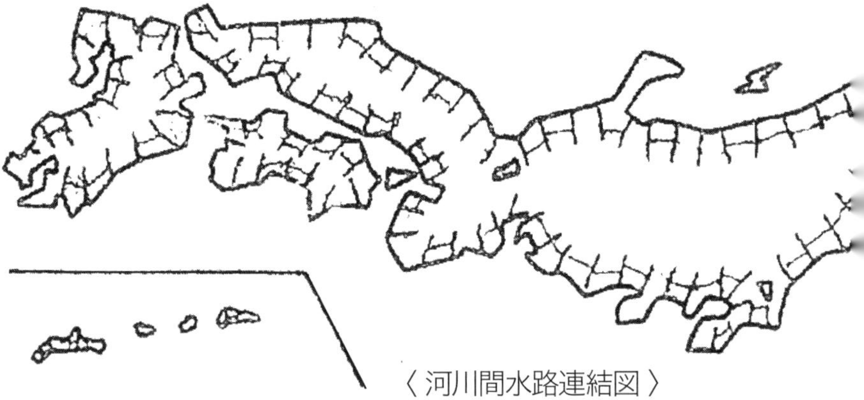

〈 河川間水路連結図 〉

社会を創る」という珍案を出してみたが、その発想の応用・延長版として今回は、その約3万kmに及ぶ海岸線に流れ注ぐ「川と川の間を最短直線で結びつける水路」を掘れば、新たな河川となり、豪雨増水による平地への大水害減少の対応策にもなり、その上の巾広い橋桁に免震装置付きトラス型住空間を並べ置くという案。

　最近のウイルス感染問題も、この河川間水路上の住居を先ずは四面が風通しの良い戸建てか、三面解放の集合住宅などにすれば大丈夫かなと思ったりする。

《 ギザギザ・凹凸連結型の日本改造 》

　そして、この水路や海岸その他から堀削された土砂、石、岩をコンクリート化し、以前から何度も紹介した、空気が中に入った風呂桶逆さ型の方舟を造って沿岸に並べれば、地震や津波にも耐えられ1気圧＝10ton/㎡の持つ驚くべき自然力の土台には鉄骨構造型産業空間などいくらでも置け、内部の気圧を高めれば超高層マンションまでも可能になるはず。

　以上を合わせれば、さながら「ギザギザ凹凸連結列島」とでも言えそうな日本改造案となる。一見スットンキョウ極まる珍案かも知れな

河川間水路の上に生活空間を造る

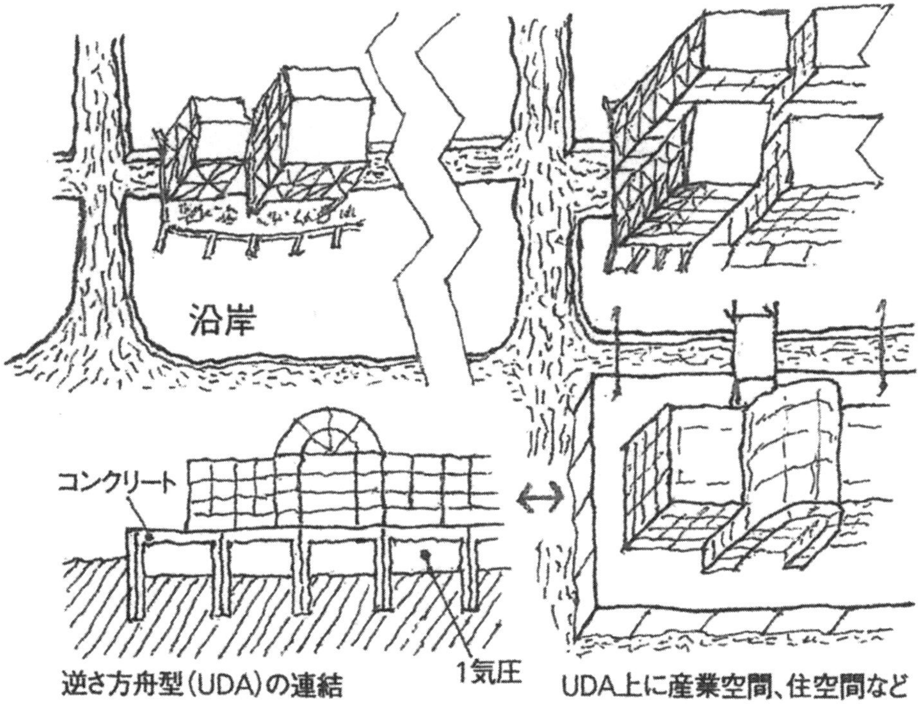

いが、あくまで自然の理を少し応用したまでのものである。日本がこの案を低コストで実現すれば、東南アジア列島諸国の舟上型、海面高床型生活空間社会も大きく変わることであろう。

《 冷暖房エネルギー節約国家に 》

ところで、同じく小国日本列島の全長は、3,000km 以上という、まさに世界的に見ても「長国」となり、列島を縦位置にすれば大国アメリカ合衆国の南北よりも長くなってしまう。その必然的結果として、日本南北端間の冬の温度差は何と50度前後にもなる記録もあるほどの、まるで南洋から北洋までの気象を合せ持つとんでもない側面を持つ国である。ならば、そこで使われる冷暖房用エネルギーを節約する国家への道として、このギザギザ連結国の各家庭が避暑、避寒の空間移動を行うに当って、交いに自由な使用（持家、借家）を兼ねるようにすれば、アツアツ、ゾクゾクも同時解決となる…等々。

と言うことで、さあ皆で楽しく考えましょう「日本改造計画」案を。

「ローカル即グローバル」による地域活性化
──「テクネ・サロン」活動──

《 テクネ・サロン 》

福岡から全国展開するデザインハウス・メーカー社長、電気工事業協同組合の理事長、中国で活躍中の生態美景観設計家、文明遺物の謎探求の分析科学者、ストーンヘンジ研究の比較文明学者、ステンドガラス作家兼シニアライフアドバイザー、バウハウス研究家で竹文化推進者、日仏で活躍する書家、カント哲学研究の第一人者、色彩空間都市コンサルタント、映像イベント企画者、パーフォーマンス型町会議員、LED照明デザイナー、デジタルアート開発研究の指導者、そして建築家、インテリアデザイナー、陶磁彫刻家…と、全て専門や職業の異なる方たちが集い、そこへ東宝出身の映画監督と中国駐福岡総領事館領事も参加され、年齢性別問わずのユニークな全員が異業種という、まさに超学祭的な雰囲気の集《つど》い。テーマも「福岡 九州から世界へ」と大きなもので、皆さん時間を忘れての討論おしゃべりが続く夕べのサロン。

途中、アニメやメディア活躍者に九州出身者が多いことから、福岡に「国際メディア・アカデミー」を、そして中世の『新人国記』からすでに風土的特徴であった博多の酒と祭りから生まれる芸能人多発を加えての「国際メディア・パフォーミングワールド」、さらには大分に、私の提案が切っ掛けとなって日本初の「竹産業文化振興連合会」も出来たことから、「日中が協力してアジア竹文化産業」をと、かなり具体的な提案が為された。(「テクネの夕べ」として本年1月8日、福岡市内で開催)

《 テクネ・シュンポジオン 》

この集いは、私が代表として「テクネ・サロン」と名付けての、地方から

「テクネの夕べ」の集合写真

の全国、ひいては世界への新しい提案をすることによる地域活性化を意図して25年ほど前から活動しているが、1977年の『テクネ・シュンポジオン』がその始まりであった。

当時の福岡は当然の如く東京志向、東京中心を当然とし、東京から講師を招いたシンポジウムも上意下達的「お説拝聴」であった。その風潮に対し、一転して「各自の今住む所が世界の中心地」「各自即世界」との人間の存在原理に転換してみれば、と。そして音楽から天文まで全ての分野は「術・テクネ」であるという語と、シンポジウムの語源である「シュン(共に)」「ポジオン(酒を飲む)」と言う、古代ギリシャ語の意味を合わせて「テクネ・シュンポジオン」とし、招いた講師と二次会で軽く飲みながら、参加者各自の分野から互いに徹底討論し、相互に新たな視野・思考を得る事を目的とした。また講師陣も中央に限らず、各分野で今後活躍しそうな新進を推定し、国内外を問わず招く。

さて、会員制でもなく思いついた時に集り合う任意団体ゆえ、やがて百人以上の多人数のシンポよりも３名（アジア伝統の「鼎談」人数）から数十名の小規模で密度の高い、あたかもあの大哲学者カントも好んで行なったサロン形式に習い、「テクネ・サロン」としはじめると、全国にも先駆けるテーマや発想が多く自在に展開されるようになった。

古代北部九州が、アジア文化の総合集積地であったようだとの歴史的背景から、1984年には「日韓芸術文化会議」がテクネ主催で福岡にて開かれる。1986年には「アジア太平洋博」の企画提案会議、1991、1992年に壱岐での「アイランド サミット」の企画協力など。またテクネの名にふさわしいNASA日系人初のオニツカ宇宙飛行士を迎えての懇親サロン（1983年）も行う。

以上のテクネ関連のサロン、シンポジウムで行なわれたその他のテーマ内容の一部を紹介すると、「造形環境と都市化社会」「ドイツの古都復元構想」「21世紀へのニューオフィス」「北欧実業家のネゴシエーション」「おんな心の光と陰」「人工知能と概念記憶システム」「トリウム溶融塩炉による未来戦略」「国際宇宙大学構想」等々。

《 アジアデザイン運動 》

またテクネ賛同者に中国、韓国、台湾の関係者が増えるに当たり、筆者の専門（発想工学）の観点から、西洋の「機能的合理主義」と異なるアジア型思想に基づく「温故創新」という造語を背景に、「アジアデザイン」の概念を、1991年中国初の「国際工業設計会議（武漢）」にて、あろうことか中国側顧問として講演。以降、中韓台で国際シンポジウムが共同開催される。特に中国ではその動きが広まり、2004、2005年には「世界文化遺産アジア会議（北京）」開催にまで及ぶ。2013年のUNESCO北京創造都市サミットでは、日本代表として「全民設計による平等民主主義」という講演を行なう。

《 ローカル即グローバル 》

この様に私たちはどこに住んでいようと、このグローバルな時代にあっては、1972年に「ローマクラブ」が原理とした「ローカルと・グローバル」の関係を越え、「ローカル即グローバル」を目標に、「温故創新力」と、この1月28日に中国で発表された「衆創空間」というユニークなスローガンをも、私たち地方からこそ発揮させようではないですか。

学祭サロン「テクネ東京」の夕べ

——異業種交流による未来デザインへの集い——

私が大学に赴任して空間デザイン教育を始めていた頃、後に国際的にも大きな反響を巻き起こしたあの『灼熱の氷惑星』(1975年刊)という大仮説の出版を企画し、出版前に産・官・学で活躍されている方々によってその仮説を「守る会」を発足させたのが、異業種学祭的集い「テクネ」の始まりであった。

これをギリシャで言う「音楽」から「天文」のそれぞれの術であるテクネの名のもとに、形ある領域はすべてが対象とばかり、時にはNASAの宇宙建築家や、クラリネットによる民謡ルーツ探索音楽家を交えての集いなど、色んな会やシンポジウムを開いてきた。

最近では私の研究室の卒業生が主体となっての同窓会的テクネの会も多くなりはじめる。そして今回奇しくも、氷惑星の仮説の映画化を予定されていた『ゴジラ対へドラ』監督の坂野義光氏((株)先端映像研究所)が、85才になって、『ノストラダムスの大予言』や大阪万博、スペースワールド等多数のイベントを含む自伝的な本を出されたのを機に、東京で活動する私の卒業生や業界の方が中心となり、デザイン業界と連携する各界のパイオニア的存在の方々をゲストとして、去る9月14日に東京にて、本誌発行人丸茂喬氏も参加のうえ「テクネ東京」トークショー・懇親会が開かれた。

《 異様種ゲストの多様なスピーチ 》

板野氏の、現代でも問題の「へドロ」という社会悪を主題とした映画作りの裏舞台の話や国際映像大学の提案。ゲストスピーカーでは、数々のヒットブランドを手がけ、目下コミュニケーションデザイナーの内藤久幹氏が、パラリンピックの新概念を提案。カーデザイナーのバイブル的雑誌『カースタイリング』の初代編集長で、カーデザインの総合的ヴィジョンを語る同志出版社長藤本彰氏。『日経デザイン』編集長時代から多様な視点で『デザイン・ジャーナリズム』概念をまとめあげ、目下武蔵野美術大学教授の森山明子女史による、デザインと文化・社会。日本でのIT-Webの生活産業への応用としてサーバーとwebソフトの初期開発者であった(株)オップス代表取締役のマーク・ニュートン氏の未来情報論。そして産業界教育界への創造性開発推進研究の第一人者であり、即座に役立つ多数の著書のある創造開発研究所代表の高橋誠氏による楽しいベストセラーネーミングの話。またLD照明デザイン草分けの中島龍興氏、国際的弁理士として活躍する渡邊知子女史も参加しての、と以上の全スピーチが僅か1時間あまりでという、まことに超濃密で情報いっぱいの講演会となった。

元ゴジラ映画監督坂野義光氏

《 カンカンガクガクなまでの懇親会 》

懇親会では、今回の準備役をしてもらった、アニメ映画プロデューサーとして活躍中の小野原正明(未来映像研究所代表)、日中で博覧会デザイン等も手がける島邦芳（(株)エスアイ設計社長）、キヤノンを中心とする広告デザイナー鷹尾健吾（(株)ディス）の諸君の他、インテリア国際賞受賞者や、ランドスケープデザイン、オフィスデザインなど、多方面のデザイン領域で仕事をする私の卒業生が、ゲストの方たちとダイレクトな持論展開や批判的論争で思わぬアイデアを発し合ったり、更には今後の共同プロジェクトまで語り合ったり…、ともかく参加者約30人が、短時間でほぼ全員お互いの発想や思想の一部でも知れる

という、まさに自己の未来アイデアへ向けての異業種的親睦会と言えるものとなる。

このことは数日後、日本を代表する建築家伊東豊雄氏と語らった時、「クリエーションは、人との会話などから自分の中の既存のアイデアを変えてゆくプロセスである」ようなことを言われたのと符号して、楽しく思った次第である。

多様な領域の人たちが語り合った「テクネ東京」の集合写真

異職種交流「テクネの集い」

── Neo ランドスケープへのヒント ──

《「地方創生」でなく「地方即世界」からの発想へ》

紀元前までに既に世界最多の「人種のるつぼ」とも言えた日本、特に九州。更に紀元数世紀には大陸からの諸「文化のるつぼ」でもあった、北部九州から、目下当然のごとく謳《うた》われている「地方創生」などでなく、この地の持つグローバルな潜在力を基に、日本を越えてその母体であるユーラシア大陸の未来文明に何かお返しが出来ないかどうか。

そこで40年ほど前から続けている「そこに住む個人即世界」つまり「地方即世界」をモットーに、日本、アジア、時には宇宙までもテーマに、異業種交流と学祭サロンを合わせて新しく「異職種交流」の名のもとでのテクネの集いを福岡にて、去る8月4日、「未来ユーラシアへ向けて」の腹案のもとに行なう。

今回は、ゲストとして福岡県知事や、全国知事会会長も勤め、昨年

「テクネの集い」2018年 福岡　集合写真

旭日大綬章を受けられた麻生渡《わたる》氏と、エジプトの象徴とも言えるピラミッド研究者としてマスメディアでも活躍中の名古屋大学の考古学者河江肖剰《ゆきのり》氏の両人を交え、北部九州の各分野で活躍する重鎮から若手までの異色の面々が集っての持論・発想交換の場となった。

《 ピラミッド建造から想うこと 》

目下の日本で大変な問題となっている自然災害と比較して、古代エジプトでは大河ナイル川の氾濫を予測する為に、当時人間知力を最大に発揮させて天文学・気象学を編み出し、その応用のもとに「恵み」を人間にもたらしたようである。そして王は、安全と永遠の生命のシンボルとしてのピラミッドや、国家の統治・統括の壮大な神殿建造に、「奴隷」としてでなく「生活者」による為の、安全な日常生活用のタウン造りを基礎としたことは、最近の発掘からも明らかだとされている。

夕日のピラミッド　考古学者 河江肖剰

その結果、特に大地に安定した四角錐型ピラミッドの形態は、地震の殆んど無いエジプトでは現在でもそのまま残り、ひょっとすると未来数千年以上、いや永遠的とも言える存在になるかも知れない。と同時に今回、水平の大地に沈む夕陽に浮かぶ二つの巨大ピラミッド映像を見、日本の無数の有機的曲面体の連続的複合とも言える自然形態に共存・埋没する人工物ランドスケープとの、絶大な相異を改めて痛感させられる。

《 自然災害国家日本の新《ネオ》ランドスケープ像に向けて 》

この未来にも通じるピラミッド建築の最新情報を聞くにつれ、その後多様な文明を生んだユーラシア大陸のこれからの未来像を考えるには、人類最初の大文明のエスプリを取り入れるべきと思われる。

それには日本では、自然災害小国の自然景観を越える地上のシンボル景観造りなどでなく、あくまで自然大災害国であることを何よりも大前提にしての、全く異なる発想に迫られる。世界史的にも特異な文化を造り上げげたと最近評価される縄文時代の人々は、早くも津波の恐ろしさに気づいて高台や洞窟に生活圏を設けたとされている。

特に昨今の日本では崖崩れや土砂災害で見るように、人命を守るだけでなく、「自然の姿」までも守らねばと言う、新たなランド（くに）のスケープ（かたち）造りと言う大問題にも迫られている。

とにかく、地震、津波、台風、豪雨から人間生活を防禦するには、これまでの「地上文明」に対して、AI、ドローン等の最先端技術を総動員しての全国地質調査による国土の硬軟度に基づき、防空壕から大都市地下街建設に到る伝統を生かし、水循環システム完備の地下生活空間開発による「地中文明」とでも言えるものに、思いきって転換した方が安全なはず。すると、視覚的自然を傷付けない新たな「自然と人工の一体化景観国」の出現になるかも…。

河江氏のピラミッド情報を聞きながら、私はふと以上の様なNeoランドスケープという、今後のユーラシア時代に役立つかどうか判らない妄想にふけってしまったが、他の参加者は「地方即世界」の視点から、もっと多様で有効なことを考えられたに違いない。

今後の集いとして、以前デザイン系の大学1年生に「真・善・美を2次元で表現」という抽象の具象化的課題を出したところ、全員が多様でユニークな作品となったのに私の方が驚愕した経験から、各専門分野の人が例えば軍事力に対して「平和力」を考えれば、どんなピース・スケープ（和のかたち）が出てくるものかを期待して、国際的なスケールでの〈和のユーラシア・サミット〉などを想ったりする。

地域から「地方創造」へ
―― 熊本での「デザインフォーラム」を通して ――

　昨今しきりに言われている「地方創生」というスローガンは、あくまで国の中央からの、やや「上から目線」的なものであって、本来私たちに最も必要とされているのは現在の中央1点からの発想でなく、歴史上、過去には中央であった今の地方各所を含め、各自が住んでいる地域文化を持つ全国各地多数箇所からの、独自でオリジナルな提案を全国に発信すべきなのでは。つまり、地方創生と言うより地域からの全国地方創造なのである。

《 熊本デザインフォーラムを通じて 》

　2019年11月、その歴史的に有名な熊本城を生んだ地で、熊本県インテリアコーディネーター協会の、「気」の空間デザイナーとしても活躍する永井晶子会長の企画のもとに、協会30周年記念フォーラムが開かれた。

　大阪を本拠地にして世界的なプロダクトデザイナーとして活動すると同時に、国内各地の素材と伝統技術をグローバルな視点から海外との協働事業を長年続け、最近は島根県産の「竹」と言うエコ素材による、海外も驚いた画期的な椅子デザインも行なう喜多俊之氏の、まさしく「地方即世界」的な講演には、県内外で活動する建築、デザイン関係者約80名も参加。その同氏の、締めくくりの意想外とも言える「美しい良き世界」への「素敵なデザイン」との優しくも普遍的言葉には、全員がグーッとうなづく。

　そして、2016年の熊本地震被災との関連もあって、阪神大震災で実家が半壊した経験から「防災デザイン」に関する発想と教育に取り

熊本
2019
11.24
デザイン
フォーラム
■プログラム
プロダクトデザイナー
喜多俊之
講演テーマ
《デザインによる生活空間への未来想像》
九州産業大学名誉教授
網本義弘
講演テーマ
《自然災害国家の防災デザイン発想》
参加者からの提案、質疑

「竹の椅子」デザイン 喜多俊之

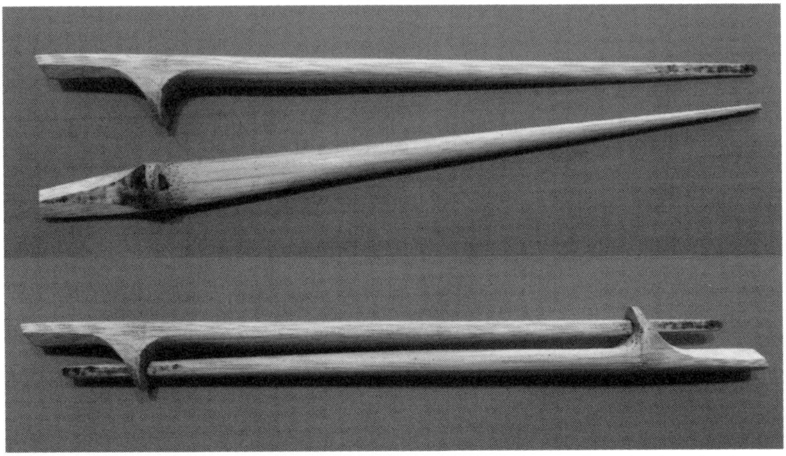

熊本発「節目箸」　節目に穴を空けてジョイント可能にした　船津邦夫 作

組んでいる私も招かれたので、地震の際でも全く安全であった「阿蘇ファームランド」にも適用されたトラス原理応用ドームや、学生作品で海外でも評価された「トラス・アート」を紹介の後、昨年の台風豪雨によって泥水に漬かった生活財の殆どがが廃棄という悲惨な報道映像を見るにつけ、ふと思った「防、耐泥水《どろみず》デザイン」を提案させてもらったところ、皆さんニッコリ、と。

《 地方からの伝統新発想 》

　また熊本地震前には、元松下電器産業のデザイナーで、崇城大学教授であった船津邦夫氏のアイデアによる、地元産の竹を使いその節目部を活かすことによってユニバーサルデザイン的となり、国内外でも話題となった「節目箸」の存在は、小さな物でも誰もが新しく楽しめる「創造」と言えよう。

城壁など損傷した熊本城は、四百年以上も前に地方列強のシンボル的な空間防御装置として、築城の名手でもあった武将加藤清正によってとされる、忍者もお手上げのあの「武者返し」という驚くべき曲面城壁の創造で有名。それなら今度は巨大な自然力も及ばないような防災装置を熊本から、いや東北区地方などとの自然災害地域どうしが連携して、ユニークな開発を期待したいものである。

熊本フォーラムの後、家具産業で全国的にも知名度の高い福岡県大川市に行き、大空を駆ける木製グライダー造りでテレビでも話題になっている若手インテリアデザイナー酒見智大さんによって『木工万能産地・大川プロ向けファクトリーツアー』冊子を基に、いろいろと案内してもらう。そこでもまた、他所では見られない、地方独自の歴史感性から成る地元素材の現代生活空間への新たな応用とオリジナルな技法を見い出した喜多氏は、世界発進への国内外業界との協働を提案と、まさに「地方から全国・世界へ」の心地良く、実り多いひと時であった。

発想考楽

「読売新聞」編

九州産業大学　名誉教授

網本義弘

まえがき

ここに載せた二十編の拙文は、読売新聞西部版に二〇〇六年一月五日から六月二十九日まで掲載されたものから選び、部分的補正をさせて頂いたものです。

私達が、この無数とも言える情報の溢れた社会に住んでいる中で、時どき「ふと」常識から外れたスットンキョウな事を思いついたりする場合がよくあるはずです。

例えば「日本は狭い、小さい」と昔から当たり前の様に言われていますが、私は別に生活上窮屈な感じがしないので、本当にそうかと電卓で、一人当たり巾5m×5m高さ3mのゆったり空間で日本全人口を掛け、立方根キー$\sqrt[3]{}$で割ると何と、一辺約2000mという富士山の半分ぐらいの高さの立方体にスッポリ納まってしまうではないですか。あとはガラ空きで、日本は超広い。と、このことを四十年ほど前に新聞や雑誌で述べたところ各方面から驚きの反応がありました。

そしな毛見つ売売所聞重載と中、あて、「売見」に…とう

名のもとに本にしましたが、その次に同新聞に連載した今回のものは、発想の仕方は同じでも、あまり数字などを多く使わず、あくまで音を楽しむ音楽の様に、考えを楽しむ様にして「工学」を「考楽（こうがく）」とした訳です。

冒頭の『気配りデザイン』感覚を応用すれば、目下のウイルス感染諸問題も、エレベーターのボタン押しなど、鍵の先端でちょいと押すだけで安全とか、『航空時間地図（ACマップ）』などは普通の世界地図と異なって行き先までの距離を航空時間で表したものなので、グローバル時代の日常品にとか、『洋上五輪船』構想を「二〇一三年ユネスコ北京創造都市サミット」で講演したところ、東京オリンピックは是非これでとの賛成を得たり……と意外なことのようですが、今後にも通じそうな自明・妥当性の参考になれば、と改めての紹介です。

皆さんからも、「ふと」思ったことを楽しみながら考えた結果、更なる意外で驚くような発見までが生まれてくることを期待しております。

目次

読売新聞 編（二〇〇六年一月～六月）

・まえがき …… 4
・気配りデザイン——滑りにくいデジカメが欲しい …… 8
・エンタシスの新解釈——ギリシャ人の錯覚逆利用 …… 10
・長国日本——古代中国の名称は「九州」 …… 12
・おでこが膨らむ——左右の脳を使いこなそう …… 14
・立方根で計算——視点を変えると日本は広い！ …… 16
・日本初の電気釜——白と曲面の生活革命 …… 18
・ACマップ——世界への航空時間地図 …… 20
・洋上五輪船——大型船を競技施設に改造 …… 22
・錯覚——身の回りを楽しむツール …… 4

・孫悟空ランド——歴史遺産をデザインし直す……2
・マクロデザイン——黄土地下都市と上海空中都市……28
・ハングル——文字を生活空間のデザインに……30
・こたつ——世界に冠たる省エネ暖房……32
・国土倍増計画——富士山一つで日本は2倍に……34
・モンスーン応用——雨を利用した国土づくりと発電……36
・北緯38度線——非武装地帯を平和の象徴に……38
・日本垂直線風景論——鉄塔、電柱も美しく……40
・世界芸能大学——福岡の風土生かした文化発信……42
・哲学的姉妹都市——梅園とカントの出身地を結ぶ……44
・北方領土3島、天空ロマン——ふと思うことを応用しよう……46

50才代後半から指先の乾きが気になりはじめた。カメラマニアの私にとって、実はこれが一大事。

確かに今はやりのデジタルカメラは、人間の手にぴったりと使いやすくデザインされてはいる。しかし、どうやらそれは、指ぎったり、シットリとした「若い人の手」向きであって、高齢者になるほどこれらすべてが効き目なく、むしろ逆効果になってスルスル滑ってしまうのだ。

カメラ屋さんに聞けば、デジカメを落としたといって来る人が急増しており、修理費や買い替えが大変だという。

デジカメが欲しい

デジカメの国内普及率が全世帯（約４８００万世帯）の50%を超えた昨今、仮にその1%が破損すると、24万台。１台４万円として、１００億円近い国民的大損失になる。

で、この損失防止策を、ふと思いついた。イラストの黒い２点のようにカメラのレンズのある正面の指の当たるところにゴム質ラバー等を瞬間接着剤で貼り付けるだけで、シルバー世代の手にしっくりなじみ、落下問題も解決。

そして古いカメラのレンズに付いているギザギザラバーをはずして応用すれば、カメラ業界もびっくりの中古カメラの「よみ返り」が起こったりするはず。

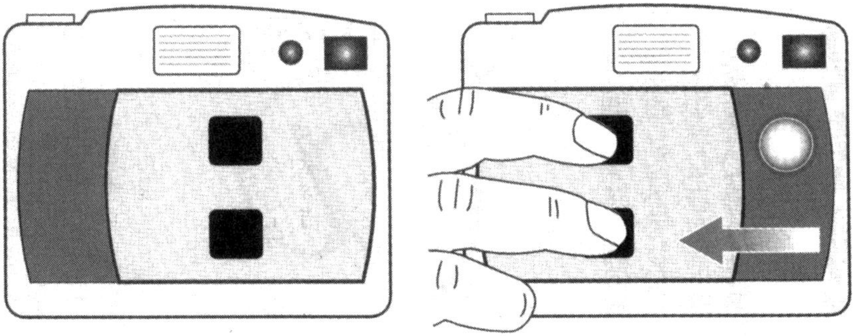

気配りデザイン

滑りにくい

近ごろバリアフリーとかユニバーサルデザインという言葉をよく聞く。お年寄りや障害のある人たちにやさしい、使いやすいデザインでものをつくったり、生活環境を安全にするといった考え方だ。

デジカメの設計にもこうした考えが生かされているとは思うが、言葉自体が西洋からの借り物だから、デリケートな手の乾きにまで思い及ばないのだろう。

いっそのこと、バリアフリーやユニバーサルデザインよりも、日本人なら誰でもわかる「気配りデザイン」と言ったほうが、キメ細やかな安全生活空間づくりが出来、多方面に応用できる「役立つ和の型」になるかも知れない。

ヨーロッパ人が自らの文化の師と仰ぐ古代ギリシャ人が生んだ言葉を語源とする、「コスモス（宇宙）」「ハーモニー（調和）」「シンメトリー（対称）」そして「デモクラシー（民の力）」など日本にも多く伝わり、私たちの芸術文化や生活にまで浸透し豊かにしてくれている。

　そんな中で、大きく勘違いされているのが「エンタシス」という言葉とその内容である。「そんなの知っている。中学の美術で教わった。ギリシャ神殿の細長い柱を力強く見せるために、柱の中ほどを膨らます様式のことだろ」と。

　ところが、「観《み》ること」を生活の根本原理とした視覚主義者の古代ギリシャ人にとって「エンタシス」とは、

の錯覚逆利用

あくまで「柱が眼に快くまっすぐに見えるように、わずかにカーブさせる」技術だったことはほとんど知られていない。

　エンタシスは、膨らますことが目的ではなく、直線に見えるようにすることが目的だったのである。異常なほどに視覚型であったとも言えそうな彼らは、人間の眼の、「錯覚」を極度に嫌い、何としてでも克服したいと考えたからであろう。

　神聖な神像や神殿造営に当たって彼らは、参拝者の視線に細心の注意を払い、アテネのパルテノス女神やオリンピアのゼウス神像を造るとき、見上げて違和感がないよう上半身を少しずつ大きくするアイデアまで取り入れた。

　特に国家の威信をかけての大問

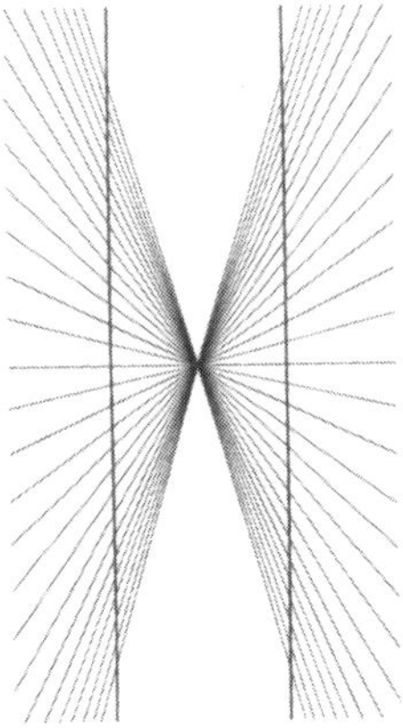

エンタシスの新解釈

ギリシャ人

題が、パルテノン神殿＝写真＝における錯覚防止対策。縦に溝型にえぐられた線が多くついたギリシャ神殿の柱は、直線にすれば何となく内側にへこんだように見える。

　この錯覚現象を証明するような例が２本の平行線が曲がって見える上の図。彼らは、それを逆手に取り、曲線＝凹《へこ》みを直線にもどすため、外側に微妙なカーブを付けることにしたに違いない。

　事実、現地でパルテノン神殿の柱を遠くから見ると、なるほどやや膨らんで見える。だが、境内に入って神殿に近づき柱を見えげていくと、そこには膨らみをほとんど感じさせず、しかも力強くてここちよい直線が現れるから魔訶《まか》不思議なのだ。

長国日本

中国の名称は「九州」

18年前の初めて中国を訪れたとき、上海の街の中で「九州水産公司」という看板を見て、ほう、日本の九州の会社が早くも進出かと感心した。博物館の書画の中にも「九州」の文字が目についた。

一体これはどうしたことかと現地の人たちに聞いてみると、「九州とは古代中国を表す名称」だという。日本の九州に住んでいる人間にとって、なんだかややこしくなってきたので、帰国後、古代史をひもといてみた。

すると、4000年以上も前の「夏《か》王朝」時代の中国人は、自分の国を「九州」と読んだという。二千数百年前の戦国時代ので「九州」としたという。「九」という数字は縁起がよいことだけは知っていたが、まさか九州が中国のことだったとは夢にも思わなかった。

ついでに、ふと妙なことに気づく。聖徳太子時代の7世紀の日本は、九州から関東までのようだから、約1200キロの長さになり、意外なことに小国日本は長さだけなら、少なくとも古代中国と同じになる。

つまり大国中国に対して日本は昔から「長国日本」だったのだ。

そして中国への対等意識とも受け取られそうな聖徳太子のかの有名な『日出ずる処《ところ》の天子が、書を日没する処の

にはもっと正確に、古代中国の広さを「方三千里」――つまり一辺1242キロの正方形と決め、それをタテ・ヨコ千里ずつ分割して合計9つの州から成る

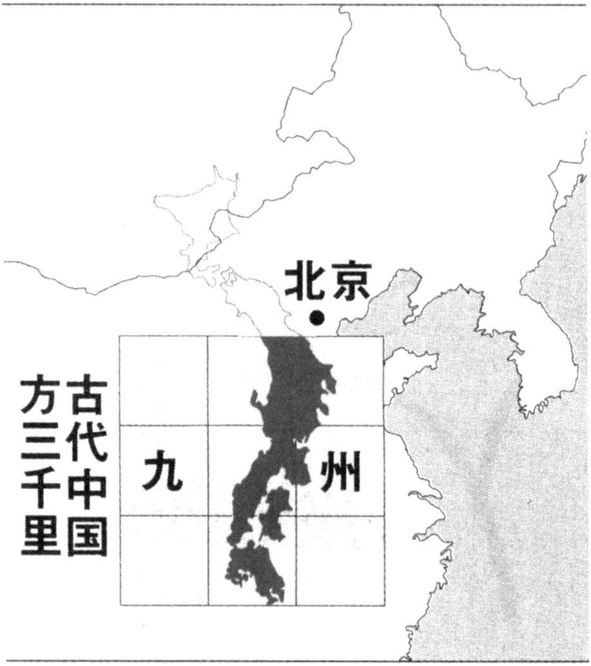

古代

天子へ…』は、ひょっとしてこんなところにあったのかも、との妄想まで湧いて来た。

それ以来なんだか元気が出てきて、特に海外での国際会議のパーティでは、ところかまわず「現代の日本は、アテネからロンドンまで5カ国にまたがる、ヨーロッパ各国からみれば、たいへんな『長国』」であるという「新日本論」を一席ぶつことにしている。その瞬間だけはみな一様に「ほうーっ」という顔つきになり、こちらはひそかにニヤリとする次第である。

もちろんいくら長くても、あくまで幅のない、実際の面積が中国の25分の1の実情には変わりないのだが。

おでこが膨らむ

「韓国人は右のおでこが膨らんでいる人が約70％います。20代の人は0.5ミリほどですが、50代、60代になると2ミリも出るのです」「ええっ、おでこが膨らむ？ それ本当ですか」「お隣の中国人は国土が広いからか個人差が大きく、3～4ミリに達する人がいるけれど、膨らむのは右と左約50％ずつで均衡しています」

韓国の大学で初めて設置された美容学科の初代教授趙庸珍博士は、これまで聞いたことのない話を淡々と口にした。著名な顔面研究者であり、他人まかせのデータ捏造《ねつぞう》とは無縁な、自分でコツコツ調査分析する学者として知られている人だ。

左右の脳を使いこなそう

「ということは、ひょっとして韓国の人は考え方や性格が右脳型ということですか？」「そのとおり」と趙博士。趙流に左脳、右脳の特徴を分けると表のようになる。

よく言われることだが左脳は、科学的機能や特に言語をつかさどる脳として重視され、西洋人は「優位脳」とまで呼んだ。右脳の方は音楽・絵画など芸術的な機能を受け持つ。

「ところで日本人は右脳型ですか左脳型ですか？」と再び問うと、「北欧人と同じで左脳型が約70％、韓国人とは逆です」

そこで思い出すのが日本で

左脳と右脳の特徴

左脳半球		右脳半球
指など末端を使う	踊り	全身や肩を使う
拍子に合わせる 歌詞の意味を考えながら覚える	歌	メロディーに合わせる 歌詞を覚えていない
細かい	文字	大きい
部分にこだわる	モノ作り	大胆な表現を好む

は20年ほど前、左脳志向による科学技術偏重への反省なのか、右脳活用ブームが起きた。そして今また韓流ブーム。

同時にふと、昔教わった「額の小さい類人猿の前頭葉が発達して額が広く大きな人類になった」という進化論を思い起こす。

そうだとすると、おでこが膨らむこと自体にそう驚く必要は無いのだ。ただ、左右の脳のどちらかの機能を使いすぎると、おでこの膨らみが使うほうに片寄ってしまう。

やはり左右の脳はバランス良く使いこなすということか。改めて自分のおでこを、鏡の前でじっくり見つめてみよう。

世界地図を眺めていると、なるほど日本は小さい。アメリカと中国は偶然ほとんど同じ面積であり、その両大国に挟まれる日本はわずかに25分の1の大きさだからイヤになる。ロシア連邦と比べると45分の1とお話にならない。

こうして「小さい狭い」と自ら委縮していると逆に頭に来てふと、「本当に日本はどうしようもないほど狭いのか」と開き直り、やおら妙な計算を始める。

最近の分譲マンションの平均床面積95平方メートルをちょいと格上げして100平方メートルとする。4人家族で割って25平方メートル、高さは3メートルを確保し、このゆったりした空間を1人分としてみる。そして日本が狭いかどうかを確かめるために、全人口1億3000

変えると日本は広い!

するとどうだろう。幅、奥行き、高さ2136メートルの立方体空間にスッポリ納まってしまうではないか。つまり、高さは富士山(3776メートル)の半分強でOKというまさかの事態が出現する。

こうしてみると、日本全人口の生活空間は日本地図上のシミほどのわずかな点で賄え、残りはがら空きとなって、日本は狭いどころか無限に広いことになる。

ことのついでに全世界の人口65億人分を同じくゆったりした空間で箱詰めしてみると、高さは7870メートルとなり、これは、富士山のほぼ2倍になる。言い換えると、世界人口は一辺がヒマラヤ山脈の高さの立方体1個で納まってしまう事になる。

これらの計算は何やら難しそう

0万人ほどを一か所に集めてみる。

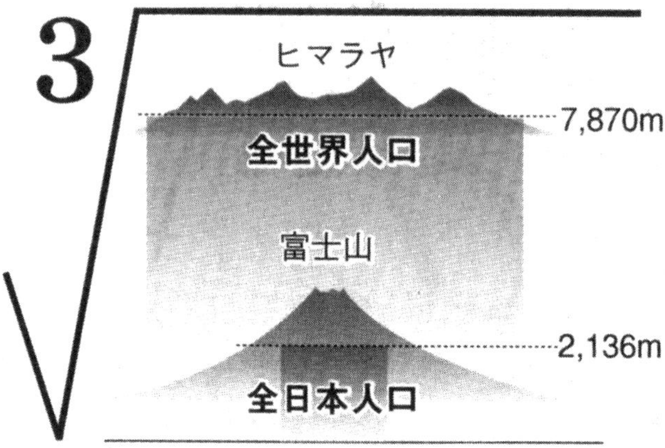

視点を

立方根で計算

だが、昔習った「立方根」を使えばあっという間に解ける。例えば27は3の3乗というあれ。今では便利な立方根（∛）キーのついた5000円ほどの電卓を片手に、世界人口の場合、5×5×3（以上、単位メートル）×66億（人）というかけ算の後、∛キーをちょいと押すだけ。その間わずか20秒で世界新発見。

こうして、ちょっと視点を変え、電卓で簡単な計算をするだけで、世の中の常識を反転させ、独りニヤリと楽しめるのである。

ちなみに、驚くほど長い日本の海岸線総延長3万3000キロ上に、耐震設計の10階建でマンション（幅10メートル、高さ30メートル）を延々と建てると、日本の全人口がキチンと納まり、これまた列島内部はがら空きになる。

日本初の電気釜

白と曲面の生活革命

半世紀前のことになる。1955年、電熱器を内蔵した柔らかい曲面の本体にアルミニウムの蓋《ふた》が付いた、汎用《はんよう》電気釜が出現し、社会に想像を絶する驚きをもたらした。

それ以前は、かまどで米を炊いて釜からご飯をお櫃《ひつ》に移し、食後はそれらを洗いなおすという、複数の用具と長時間にわたる面倒な作業が必要だった。

これらが持ち運べるほど小型に一体化され、自動的に短時間でご飯が頂けるようになったのだから、当時の主婦にとってはまさに生活革命であった。

「どうして本体を白にしたんですか」

「高級お茶碗の、内側が白いというイメージが必要のです」。

これは、東芝で日本初の電気釜をデザインした岩田義治さんから伺った話だ。

緩やかな本体の曲面は、鉄釜の伝統を生かして設計したという。白と曲面。わずか二つの発想で日本人の生活を一変させ、多くの人々を幸せにしているのだからすごい。

「サラリーマンのお父さんが電気釜の箱を持って帰宅し、開けると中から憧れの白い宝物が出てきて家族はみんな幸せいっぱい……。デザイナー冥利《みょうり》に尽きる光景でした」。

ところで、私が海外でアジアデザインの紹介講演をする際、「電気釜は、電気やぐらごたつ

というイメージから思いつきましてねぇ。土間のかまどから、インテリア用品としていきなり座敷の食卓近くへ昇格させるには、清潔さとおいしさの象徴と

東芝の日本初の自動式電気釜（東芝科学館ホームページより）

と並んで、まさしく日本的省エネルギー文明を象徴する大発明」と強調した後、「朝、布団から足をニューッと出してスイッチをちょっと押すだけで……」と付け加えると必ず会場から大爆笑が起こる。

　さて、岩田さんに「まさか、電気やぐらごたつ第1号も?」と恐縮しつつ尋ねると、「私のデザインです」とあっさりとお答えになる。

　びっくりしながらも、これは江戸時代末期に活躍し、東芝の創設者と言われる大発明家、からくり儀右衛門（本名 田中久重・久留米市出身）のDNAなのだろうな、と納得させられた。

ACマップ

世界への航空時間地図

飛行機は苦手なので、国内ではよほどのことがないかぎり乗らないようにしているが、海外の場合はあきらめて乗るほかない。

近ごろは、時差ぼけで体調が狂うことよりも、時計の針の調整で頭が混乱することの方が苦痛になってくる。

海外旅行直前のある日、イギリス・タイムズ社発行の重厚な世界地図帳を開き、楕円形の中に描かれた航空路線図を何気なく眺めていて、こんなことを思いついた。「目的地までの飛行時間を、そのまま地図の上に長さとして直線で引いてみるとどうなるだろう」と。

例えば、東京とニューヨークの京からコンパスか定規で13㌢をとってみるのである。同じように、東京から北京までの3時間半は3・5㌢。シンガポールまでは7時間、7㌢。シドニー9時間半、9・5㌢と次から次へと、松本清張の気分になって「点と線」で結んでゆく。

念仏のように「時間は距離に置き換えられ、空間は距離で示される。従って時間イコール空間である」などと哲学者のようにブツブツつぶやきながらの作業の結果は、図のような妙なひん曲がった地図の出現となった。

時間を長さで表した地図下の時間目盛りを利用して目的地までの長さをコンパスで測ると、一瞬のうちに大体の所要

平均時間を調べると約13時間だから、1時間を1センチとして東

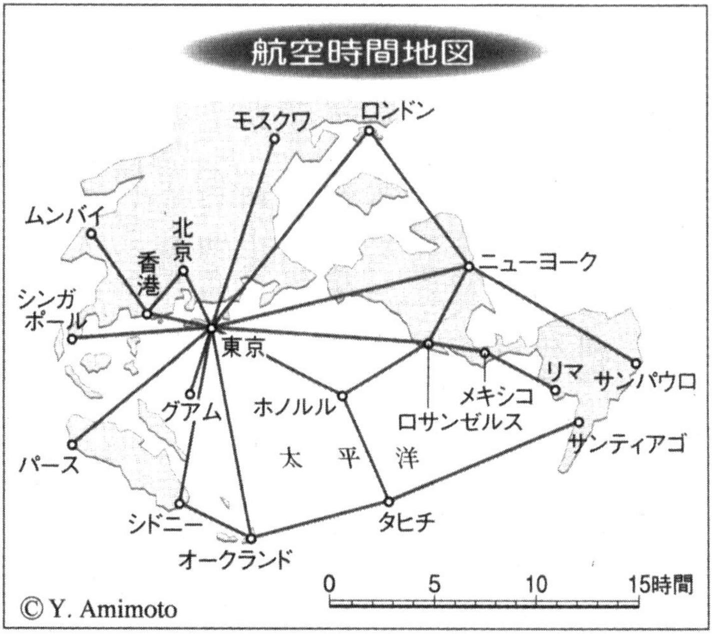

時間が読み取れる。

「何時に着くか」よりも「何時間かかるか」のデータの方が必要な人にとっては、まことに一目りょう然、これほど便利な旅行地図はないはず。

かの天才科学者アインシュタインもクシャミをするような、「太平洋版時間空間統合図」の発明である。

私はこの図を「アエロ・クロノメトリック・マップ（Aero Chronometric Map 航空時間地図）」、略してＡＣマップと名付けている。

このＡＣマップを利用したい方は、15時間目盛りが15センチになるまで拡大コピーしてみて下さい。

オリンピック招致が話題になる中、ふと「オリンピック船」という考えが浮かんできた。
　水泳競技用プール、レスリング、柔道、バスケットボール、テニスの各会場あり、ホテル、選手村あり、とオリンピック関連施設をひとまとめにした巨大船である。この発想は、私にとって少々、因縁めいた体験から来ている。
　前回の東京オリンピックの2年前、1962年に日本は世界初の2隻の船を造った。一つは世界最大のタンカー「日章丸」。もう一つは見本市船「さくら丸」。さくら丸は同時に南米移民船を兼ねるというすごい発想で、学生時代の私は世界貧乏旅行をこの船の格安船底クラスで始めさせてもらった。

競技施設に改造

　昼は優雅なデッキの風に吹かれ、夜は3段ベッドにもぐり込みながら、「見本市をにぎやかに拡大すれば博覧会になるから、いずれ船の上での万国博も可能なはず」などと夢想したことを、今も青春の一コマとして鮮烈に覚えている。
「ふね？・船で何が出来る」とバカにしてはいけない。目下、世界最大の15万トン豪華客船「クイーン・メリー2世号」などは、東京駅より長く、ゴージャスな施設を内蔵、13階建て2600人の客室を持つ超巨大ホテルなのだ。総床面積をざっと計算してみると、なんと甲子園球場の7倍ほどもある。
　そこで大学の授業の中で、学生さんに、大型客船やマンモスタンカーをオリンピック用に改造する案を考え

洋上五輪船（オリンピック船）

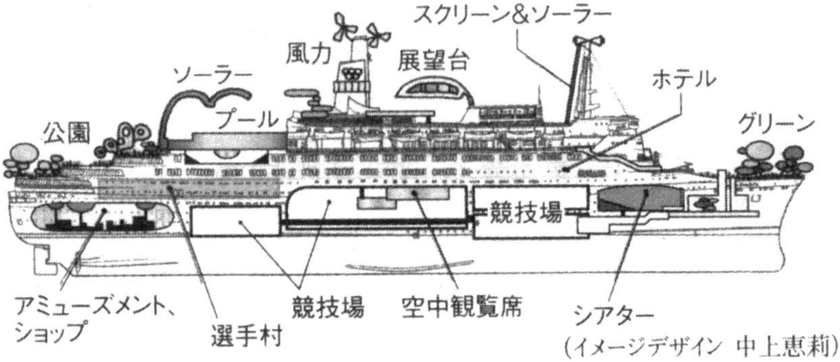

（イメージデザイン　中上恵莉）

洋上五輪船　大型船を

るよう投げかけたところ、図のようなホテルに競技施設、さらには娯楽機能満載という、「洋上五輪船」と称した一石三鳥のオリンピック船のリアルなイメージがどんどん出て来た。

水の上だから地震には無関係だし、閉鎖型だからテロ対策にも都合が良い。

ついでに洋上移動のメリットを生かし、オリンピックを開きたい世界の沿岸国で経済的にゆとりのない国へリースすれば、安あがりだし、一大レンタル造船産業にもなる。

いずれにせよ、典型的な沿岸型国家である日本がオリンピックに名乗りを上げて、前代未聞の「海と船」を活用した内容でリーダーシップをとってみるのも面白いのではないか。

身の回りを楽しむツール

広島で意表をつかれるような珍体験をした。原爆ドームを見て悲惨さにうなだれた後、振り返ってビル街を仰ぎ見た瞬間、バビロンの空中庭園ならぬ、「空中マンション」とでも言えそうな、初めて見る奇抜な建物＝写真＝が目に飛び込んできた。あぜんとしながら移動し始めた途端、「ん？なんだかおかしいぞ」と、思わず吹き出して大笑い。

なんと、それは球場の照明灯の裏側だったのだ。それにしてもとんでもない錯覚である。

広島市民球場がそこにあることを知らない観光客にとって、この場所はさわやかな笑いで楽しめる名所になるかもしれない。

さて心理学では、この目の錯覚のこ

い。このように人間の目は、時々情けなくなるほど頼りないことがわかる。

目のあやふやさを象徴するのが「薄暗い空間で幽霊を見た」というよく聞く話の錯覚的証明。

（Ⅰ）人間は、目の視角を1～2度に狭めた時、物の形をはっきりと確かめることができる。そして、（Ⅱ）単に目を開けているだけなら、実は200度近くもの範囲が網膜に映る。残念なことに全体はボーッとしていて、その端っこあたりで何か白いものがチラリとすれば、驚いて「何か見えた、ユーレイかも」となる。

ドイツの大哲学者カント先生の言葉で言うなら、（Ⅰ）は「現象体」、（Ⅱ）は「現象」である。

私たちは錯覚におじけづくことな

錯覚

とを「錯視」と呼ぶ。例えば、錯視図形である図のような二つのテーブルの上面の形が合同（重ねると形が一致すること）だとは、とても信じられなく、身の回りでハッとする錯覚例を見つけ出し、街おこしから人生観まで、2倍、3倍に楽しむツールにしよう。

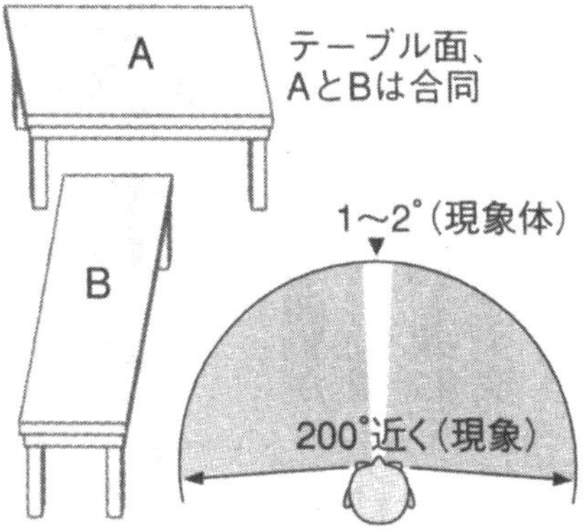

「例えば悟空ランドですよ」
「えっ。今、何と言いました？」
「孫悟空ランド造りですよ。ネズミが主人公のディズニーランドであれだけにぎわうのだから、サル知恵を働かせれば、ひょっとするともっとうまくいくかもしれませんね」

15年前、日本通の中国国務院の高官と、レジャーランドによる中国活性化を検討していた最中、突然こんなことを私が言い出したものだから、その人は腹を抱えて大笑いした。

何がそんなに面白かったのか。有名なあまり、つい忘れていた自国の偉大な文化遺産の活用を外国人から指摘され、虚をつかれたからだろうか。

この偉大な文化遺産とは、テレビ

をデザインし直す

などでもおなじみの「西遊記」のことである。

それにしても、西遊記の作者呉承恩は16世紀という昔によくもまあ、鉄腕アトムそこのけキャラクターを思い付いたものだ。孫悟空が生まれた花果山や觔斗雲《きんとうん》などを利用したジェットコースター＝写真＝は、どんな造りになるのだろうとイメージするだけで楽しい。

西遊記のアイデア・ソースとなった、三蔵法師玄奘《げんしょう》による大唐西域記（646年。日本では大化の改新の翌年）を全面的に応用すればすごいことになりそうだ。学問、文化、技術、宗教などを全部総動員した、超娯楽ＳＦセットや大秘境冒険ツアーなど、夢のようなアジア型アメージング・ワールドがいくらでも可能になるはず。

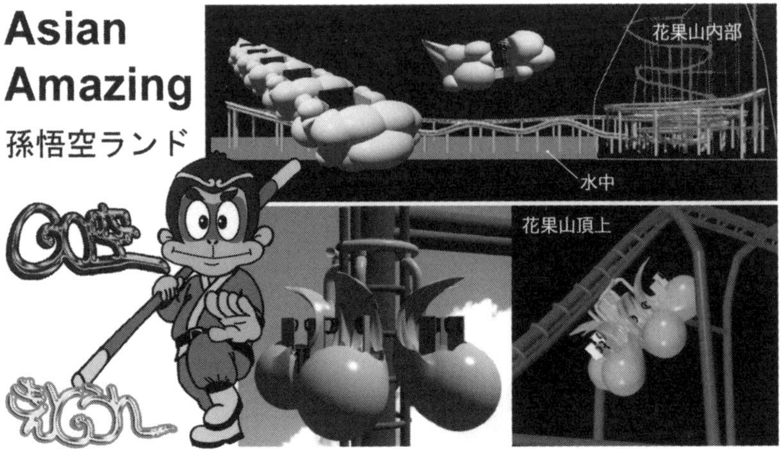

イメージデザイン　副島 佐和子

孫悟空ランド　歴史遺産

　こんな私の誇大妄想がきっかけになったらしく、4年前に北京理工大学で世界で初めて文化遺産デザイン学科が設置され、受験生が殺到した。

　最近、私たちアジアデザイン運動の韓国メンバーが上海と協力して、ユニークな企画を進めているようだ。西遊記をテーマにし、ありがたい説教付きCGアニメを、インターネット、ケータイ、衛星放送3点セットで流す、題して「東遊記」！

　今、世界遺産がブームである。けれど、自国文化の歴史遺産をそのまま観光資源にしているだけという国もあり、何とももったいない話だ。歴史遺産を未来へ向けてデザインし直すことで、「未来遺産」へと進化させることが可能になるのだ。

驚異的な経済成長を続ける中国。2008年オリンピックが開かれる北京の西方に広がる黄土地帯と、その2年後に万博が迫る上海を念頭に、奇妙なマクロ的(巨大な)デザインを思いついた。

まずは、黄土地下ショッピング街というデザイン。

日本では、中国大陸から飛んでくる細かい黄砂で空がかすかに黄ばみ、春霞《はるがすみ》みの正体かと眠たい気分になる。発生元の中国では国民の大敵で、ひどい時には数メートル先が見えなくなり、事故も多発。北京の家では黄砂防止のつもりか、目の小さい格子の網戸を付けているが、ミクロン単位の微粒子は全部通過してしまい、インテリアはほこり

都市と上海空中都市

だらけだし、精密機械はジャリジャリになって故障する。

そこでふと考えたのが、「雨宿り」ならぬ「砂宿り」という発想。雨が降ったらデパートや地下街に逃げ込むように、黄土地帯で黄砂のひどい日には、地上以上にショッピングやレジャーで過ごせるまさに地下天国を造るのだ。つまり、自然に逆らうのではなく、自然の力を避けながら自然と共存するという発想である。(トルコのカッパドキアでは1000年も前から地下7階以上の地下都市があった)

現在でも黄土地帯では、手作業で山の中や地面をえぐっての民家(ヤオトン)が多いから、その発展的応用と考えればよい。

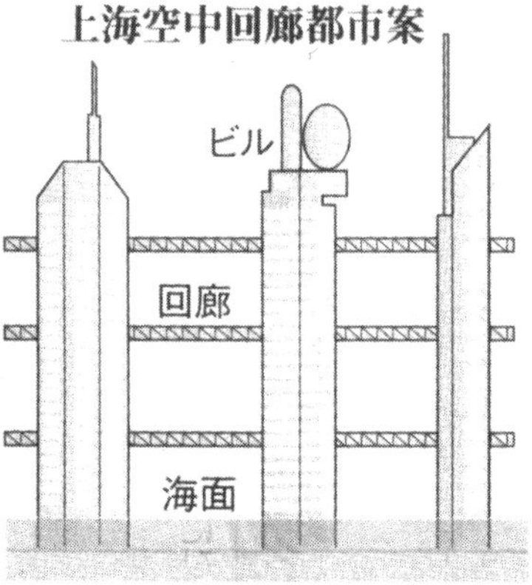

マクロデザイン 黄土地下

次が上海空中回廊都市。

都市計画で有名な同済大学（上海）の先生たちと上海の街づくりについて意見を交わす機会があった。上海は超高層ビルが乱立はしているが、ニューヨークのマンハッタンほどには密集していない。この状況を利用しない手はない。私は「ビルとビルとを空中廊下で連結させれば、未来型機能美を創《つく》り出せる」と提案した。また温暖化による海面上昇問題への対策についても、「海面上昇に合わせてビルの根元にコンクリートを流して強化します」と言及したのだった。

こうすれば、上海は、オリジナルなビューティフルシティへと変貌できるかもしれない。

韓国の大都市に行った人は、誰しもハングルの洪水に圧倒されるという。私も初めてソウルを訪れた時、浅はかにも漢字民族文化圏だと思い込んでいたから、とたんに視覚による推理能力は機能停止し、判断力もマヒしてしまい右往左往。

　ところで網膜上の混乱より、私が気になるのはハングルと建築風景との関係なのだ。ビルというビルの壁面を、あらゆるタイプのハングルの看板がビッシリ埋め尽くす。というより、文字でビル全体が覆いかぶされ＝写真＝、ひどいものはビル自体の形すら分からなくなるほどの奇観ぶりなのだ。

生活空間のデザインに

建築家は看板の存在など無視してデザインし設計する。だが、建物が完成すると、オーナーは建物の存在を無視して所狭しと看板を貼りまくる。

　この厚かましさは、私には韓国人が景観に無神経というのではなく、中国と日本に挟まれた朝鮮民族が、最高に誇るオリジナルな大発明であるハングルそのものに抱く、プライドとアイデンティティー（自己証明）が原因しているように思えてならない。

　ハングルに覆われた哀れな壁面を眺めていて、ふととんでもない妄想にはまりこんだ。

「いっそのことハングル自体を建築の形にしてみてはどうなるのか」と。

　これではハングル派も建築物を無視しようがない。さらに街並み計画から、

ハングルの立体化

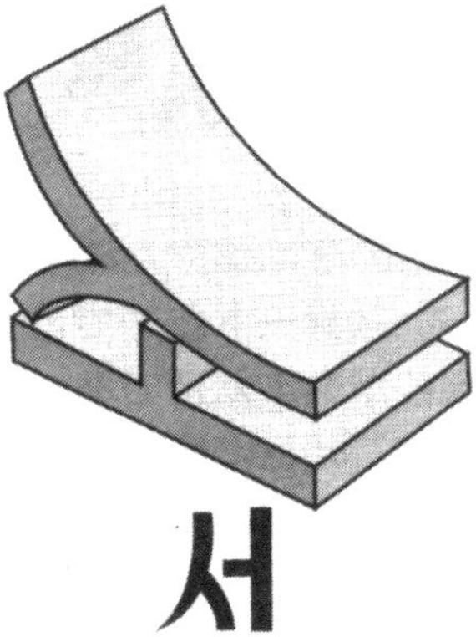

ハングル

文字を

インテリア家具、オブジェなど、手当たりしだいにハングルを応用してみるのだ。

　この文字は便利なことに、単に厚みをつけ、タテにしたりヨコにしたりするだけでデザイン的になる＝図＝。

　数年前、韓国で「漢字を学習した子供はＩＱ指数が急に高まった」というニュースが発表されたようだが、ＩＱを上げるためにも、「偉大なる文字」という読みの意味を持つとされる「ハングル」を、生活空間のすみずみにまで浸透させるほうが、よほど創造教育的であるはず。

　私たちもこのハングルを語学ではなく、デザイン発想として楽しく体感することで、韓国は一気に身近な国になるかも知れない。

こたつ

世界に冠たる省エネ暖房

「中古車を輸入するより、ぜひとも電気ごたつをお持ち帰り下さい」――。忘れもしない1995年、阪神大震災の2日前、真冬の神戸でロシア政府の石油エネルギー担当者と語り合った時の会話だ。

石油や天然ガスの膨大な埋蔵量を誇る国でさえも、極寒の冬場には暖房エネルギーの供給に困り果てていると聞いたから、「僅《わず》かな電気料金で家族全体がポカポカする日本の電気置きごたつを大量に輸入し、自国で椅子式に改造することこそ救国の道では」とおすすめした次第。

大震災の直後は、傾いた家の中で、こたつに潜り込んで寒さをしのいだ人々も多かったとい

発明した日本人の発想の根拠は何であったのだろう。

木造の日本家屋の冬の室温を例えば7度とする。3枚重ね着で体温を維持しようとすると、あるエネルギー学者によると550キロ・カロリー分の不足となり、まだ寒い。

これを補うには、膨大なエネルギーを使って部屋全体を暖めるよりも、いっそのこと、やけどしない程度の熱エネルギーを手や足から取り込めば、と編み出したのが、「超局所的暖房」とでも呼べる「こたつ」だったようだ。

火鉢で木炭を400グラム燃やすと2400キロ・カロリーの熱が出る。これを家族4人が1人600キロ・カロリーずつ分かちあうため、机に布団

う。こんなありがたい省エネ生活の原点ともいえるこたつ（電気代わずか1時間4〜5円）を

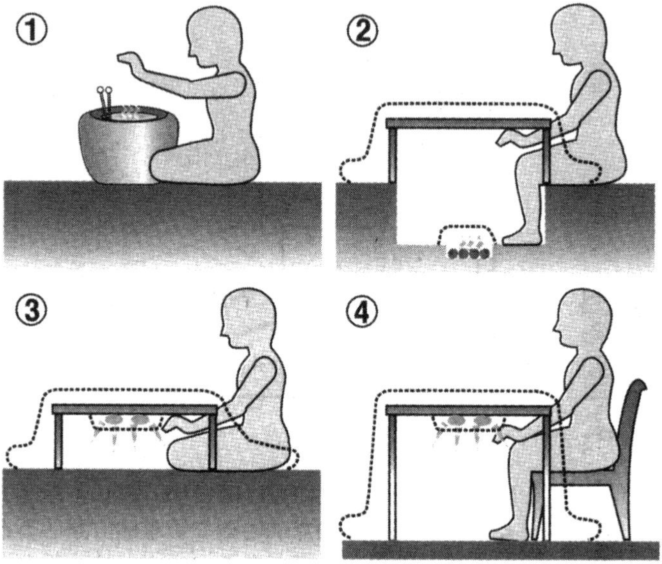

をかぶせて熱を逃がさないようにして暖を取ったのが掘りごたつ。早くも室町時代に登場したと言われるから驚きである。その「掘り」をなくして、熱源を下から上へと逆転させたのが今の電気ごたつである。数年前から椅子式のもの現れている（①〜④）。

日本の電気釜がアジア諸国に進出していったように、こたつは、世界中の寒い地域のエネルギー不足国を対象に輸出できるはずである。

ただ、この世界に冠たるウルトラ装置こたつも、一度の中に入ったら、一歩も外に出られなくなるという喜劇的な致命傷はある。それを解決する未来のこたつをさあ、考え始めましょう。

国土倍増計画

富士山一つで日本は2倍に

地図帳で世界を眺めると、日本は経済大国にもかかわらず、その国土はあまりにも小さい。そこで、昔の池田内閣の所得倍増スローガンを思い出し、田中角栄も仰天の「国土倍増」という突拍子もない発想を楽しんでみた。

面積2倍ということは長さは√2だから、１・４１４……？なんだ、コピー機には拡大用の１４１％が付いているではないかと気づき、まず日本列島を拡大してみた（図）。

次にその具体的実現のため思いついたのが、１基が一辺10メートルの中空のコンクリート製立方体（上面の面積１００平方メートル、肉厚０・５メートル）をずらりと洋上に浮か

万８０００平方キロ（３７８０億平方メートル）を１００平方メートルで割ると、37億８０００万基という途方もない数の立方体が必要となる計算。造船所が全国に１０００箇所あるとして、一つの工場が毎日10基のペースで造り続けれは、１０００年間で36億５０００万基が日本の周辺に浮かび、ほぼ、国土倍増となる。国家１０００年の計で気が遠くなるが……。もっとも毎日全国造船所で１００基づつ生産すれば１００年で。

じゃあこのコンクリート浮き船の素材である土砂はどのくらいの量になり、どこから調達するのか？

正六面体の箱船１基に使う土砂の量は、10メートル×10メートル×０・５

べて連結する方式。
　国土倍増とはもう一つ日本を作ることだから、国土面積約37

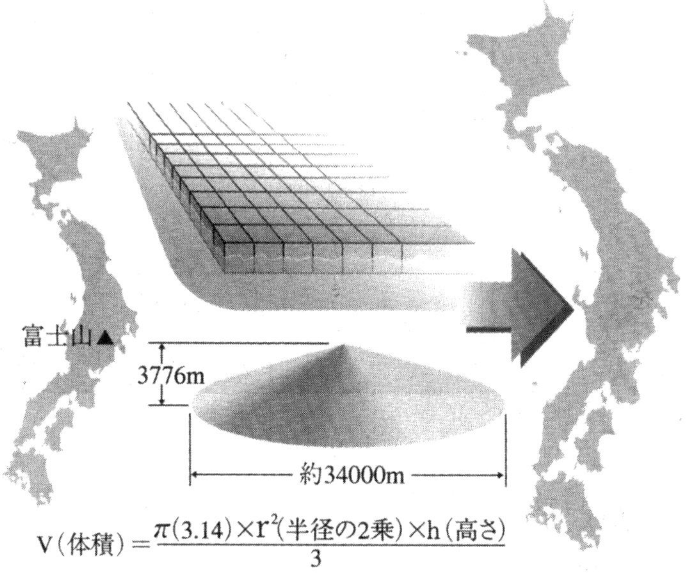

メートル×6面＝３００立方メートルだから37億８０００万基を掛けると１兆１３４０億立方メートル。これを例えば富士山と同じ高さ（３７７６メートル）の円錐《えんすい》形の山とみなし、中学で習った懐かしい公式で計算してみると、底面の直径は34キロ。平べったい山となる。たったそれだけで日本列島の面積が2倍になるのなら。いや、日本人の心であり、世界的な遺産である富士山を持ち出すのが無礼というなら、47都道府県が分担して、おのおのが高さ１０００メートル、底面の直径10キロほどの山を提供すればよい。
　いずれにしろ、国家百年、千年の大計だから、じっくり検討してみよう。

モンスーン応用

雨を利用した国土づくりと発電

うっとうしい梅雨どきになるたびに、あることを思い出す。モンスーン気候のヒマラヤのふもとにあり、雨期になると、驚くなかれ国土の半分以上が水没してしまい、多くの死者を出すバングラデシュ。この国に対して「この輪廻《りんね》のような永久悲惨運動をくい止める単純な手がある」と30年も前に救国の提案をした日本の原子力エネルギー研究者高橋実氏の途方もない発想のことである。

「全土を碁盤の目のように区分けし、格子部分が水路となるよう工事用の鋼矢板（鉄板のクイ）を打ち込む。水路内部の水没した部分の土と水をポンプで一緒に吸い上げ土地部分に入れていくと、水が鉄板のすき間から水路側に排出され、土砂だけが積もっていく。これを繰り返し、天日で乾燥させれば、はい、人工台地と運河が一石二鳥で出来上がり……」。原子力ハイテク技術ではなく、全くのローテクだが壮大な「鋼矢板ランドフォーメーション（国土造成）作戦」。

この意外な発想にし刺激され、私も珍案を話してみた。

「太陽光をソーラー発電に利用している日本では、所によっては年間2000ミリを超える雨量をどぶに捨てるのではなく、『雨量発電』を開発してみたらどうでしょう」と。

日本では、雨のため昼日なか、一天にわかにかき曇り、街も家

バングラデシュ　ランドフォーメーション「鋼矢板利用国土造成」

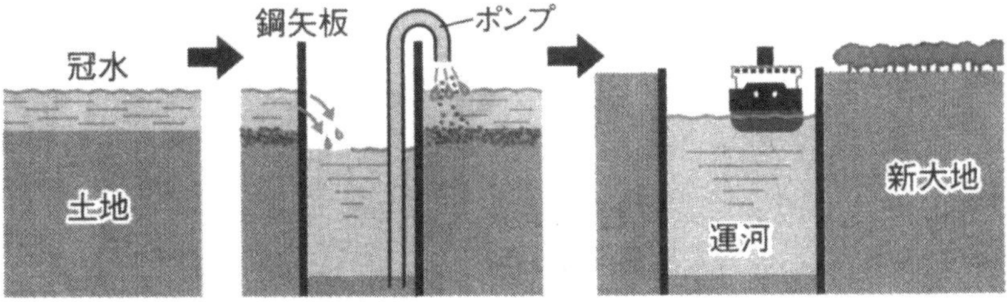

雨が降ると輝く商店街「雨量発電機」

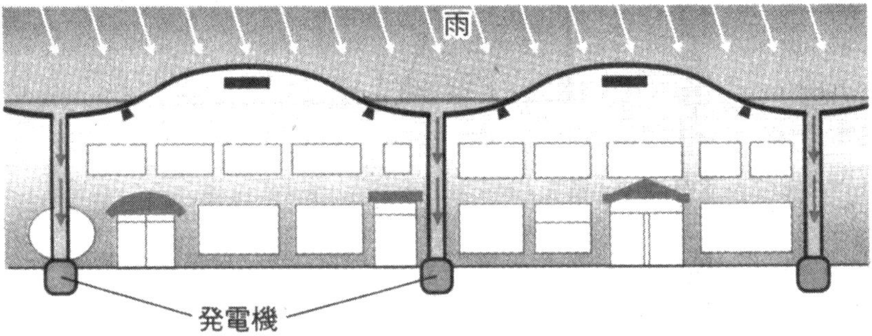

も暗くなることをよく体験する。商店街のアーケードをダムとし屋根に水をため、雨が落下するエネルギーで発電すれば「雨が降れば光り輝く商店街」が出現する。

　原理的には落差を利用するこれまでの水力発電と同じだからその超小型版だと見なせばよい。

　バングラデシュは洪水の被害を受け続けている。一方、日本では最近、田んぼの落差程度で水力発電が可能になったとの報告があった。技術的には何の問題もない。モンスーンの恵みを人と自然の調和した文明に転化できるか否かは、為政者の決断力に掛かっているようだ。

「南北平和デザイン会議を38度線とDMZ（非武装地帯）の交差点で開催しよう」

20世紀最後の年に日中韓3国のデザイン教育者が北京に集まって、21世紀は朝鮮半島問題を、と皆政治家のような口ぶりでしゃべりはじめた。

「南北が統一されてDMZをベルリンの壁のように跡形もなくつぶしてしまうより、地下交通文化都市をつくろう」

「あの物騒なDMZが皮肉なことに今では野鳥天国になっているというから、常に人間が観《み》られる形のエコロジカルパーク（自然公園）にデザインする」

「そうだ、巨大なスケールの世界遺産になるかも」と、皆さん勝手に興奮し

地帯を平和の象徴に

始め、いっこうにまとまらない。

ふと私は、200年余り前に全地球的スケールで『永遠平和のために』を書いた哲学者カントの精神を思い出した。それをヒントに同じ鳥類のハトがオリーブの葉をくわえて平和をもたらすメッセージをたばこに応用してピースとしたアメリカの偉大なデザイナー、レイモンド・ローウィのセンスのある着想を思い浮かべながら、皆のキーワードをつなぎ合わせた提案をしてみた。

「38度線・エコ・ピース・ゾーン・世界遺産計画」はどうでしょう、と。

朝鮮戦争が1953年に停戦して以来、北緯38度線を通る全長248キロ、幅4キロは人間の自業自得で、立ち入

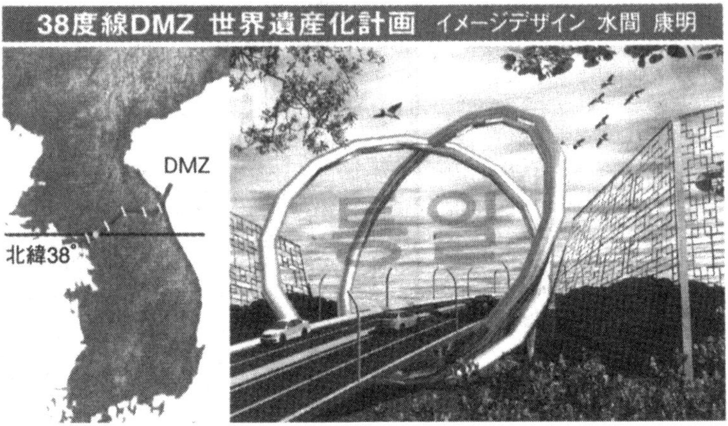

DMZを貫く南北縦断ハイウエー展望台窓付きメモリアルリング

北緯38度線　非武装

り禁止。代わりに野鳥たちのやすらぎの場となっている現在の状態を、そのまま世界遺産として生かそうという発想。

Demilitarized Zone を Eco logi-cal Peace Zone へ。頭文字で言うなら「DMZからEPZへ」転換させるのだ。同時に「宇宙から見える地上における最長で恒久平和のシンボル」にしてしまうのである。

４５００年前に造られたピラミッドが残っているようにEPZ構想を、向こう５０００年間の遺産になる大プロジェクトにするため、小学生から大人まで、皆で50年前のマイナスの遺産をプラスに転換する具体的イメージを描いてみよう。

「ん？ややや、あれはなんじゃ」。新幹線で窓外の景色を眺めていたとき、思わず叫んでしまった。

何と、かなたの流麗な曲線の峰々には、高圧送電線の鉄塔がニョキニョキと屹立《きつりつ》しているではないか。それもいつ果てるともなくかなりの時間続く。

次に山腹から眼前の沿線の流れる風景へと目を移すと、その巨大な鉄塔群はあまりにも目立つ＝写真＝。

東京―博多間の新幹線開通以来数百回も、車窓から自然が生んだ山並みの曲線を楽しんでいたのだが、このショッキングな垂直線乱立の風景についぞ気づかなかったのは一生の不覚！

視覚的イライラは頂点に達した。

電柱も美しく

な案だが、不規則で所かまわず新設する野立て看板をやめ、道路沿いの既存の大型鉄塔を利用する方がよほど経済的だし、少しはすっきりして視覚的ストレスは軽減するかも。

②自然地形演出照明灯　地上に無数に立つ醜い鉄塔や電柱も上空からみると「点」である。そこで複雑精妙な海岸線を持つ日本の、空港の近い各地域の沿岸に、大型照明灯付き鉄塔を等間隔に設置してみる。すると、例えば博多湾などもまるで自然と人工が融合する地上の星座のようなロマンチックなランドマークが出現し、「翼よあれが博多の灯だ」となる＝図＝。

こうして新日本風景ができ上がり、ひょっとするとナスカの地上絵を超え

ノーベル賞作家川端康成氏も言う美しい日本は、とたんに「醜い日本」へと転落してしまった。

さらに、街なかを歩けば、電信柱の林立と上空を覆う無数の電線。もし、日本の全送電線を全国の道路下に埋設ケーブル化するとしたら、道路総延長120万キロ分の予算は、仮に1メートル当たり10万円として、120兆円？国家破綻！

余計な心配はさておき、日本が鉄塔と電柱による電力文明を続けながら、美しさまでは望まないものの、少しでもユニークな風景造りをしようとするならと考え、ふと二つのアイデアを思いついた。

①鉄塔の広告塔化　やけに現実的

鉄塔、

日本垂直線風景論

る世界遺産になるかも、と勝手に夢はふくらむ。

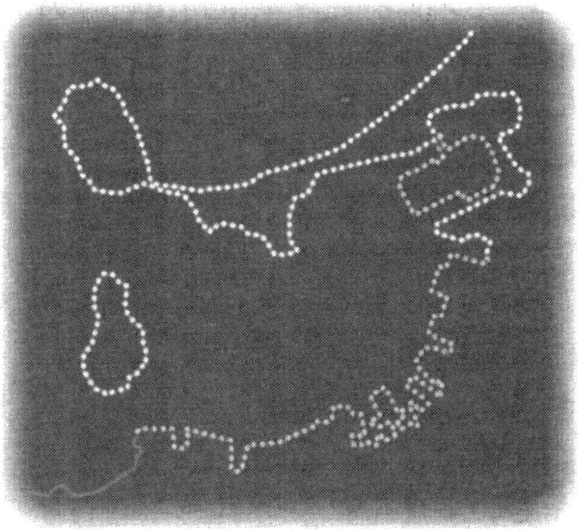

世界芸能大学

福岡の風土 生かした文化発信

地方都市福岡の二つの顔。①二十数年も前から福岡は「アジアへの情報発信基地」をスローガンにしているにもかかわらず、世界から見ると、どうも今一つ知名度が低い、どうしたら良いか。

②全国一の集客を誇る「博多どんたく」や勇壮な「博多祇園山笠」を、祭り好きの博多っ子は自慢する。また、福岡や北部九州出身の芸能人のなぜかダントツの輩出率に加え、近年、大型劇場が設置され、有名劇団も拠点を置いた。

この二つの面を観察していて、ハタと思いついたのが「世界芸能大学」構想。「福岡→アジア→世界」という未来への願望と「お祭り・芸能人」という文化的風土

実は、福岡と芸能を結びつける驚くべき歴史的な根拠があったのだ。16世紀の作とされる『人国記』（今で言えば風土心理学的県民性読本）の中で、筑前の国は全国でも類を見ない「飾り多く、花奢《きゃしゃ》の国」と定義されている。つまり「着飾り、技芸才人の土地」とまさに芸能人輩出にぴったりの土壌なのであった。

現在の県民性調査では、これまた、抜きんでて「新しもの好きのお祭り気質」となっているというから、その性格を生かして最先端メディアセンスとツールを駆使した未来的で華やかな演劇パフォーマンス、映画、映像の創造も可能なはず。

つまり世界芸能大学とは、身

を一括し、まさにローカルからグローバルへと直接発信の文化基地に変身させるのである。

世界芸能大学
(PAW)

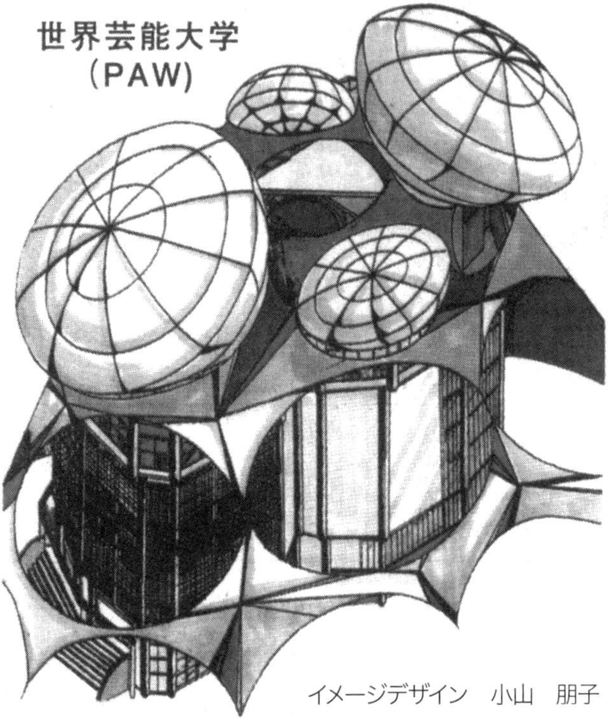

イメージデザイン　小山　朋子

体表現の全要素をひとまとめにした、形而《けいじ》上学(哲学)の祖アリストテレスも想定外のはずの「身体形而上学を軸とした人間表現の全文化学園」(パフォーマンス・アカデミー・ワールド、略称P《パ》AW《ウ》)なのである。おまけに、健康管理学の元祖とも言える『養生訓』で有名な貝原益軒(福岡藩)の精神をも土台にすれば、ハリウッド、香港の度肝を抜く総合的なアジア文化発信のメッカとなる。

　もし、中央で活躍している福岡・九州出身の芸能界の人材がいっせいに拠点を九州に移したら、あっという間にPAWは地方の時代の目玉となり、世界も注目するにちがいない。

の出身地を結ぶ

哲学的姉妹都市

姉妹都市交流という言葉を以前ほど聞かなくなった。だが、私には「姉妹都市」という言葉に因縁とか借りがある。

戦後日本では国家レベルではなく、都市の単位で自由に海外と親善交流する姉妹都市がブームになった。思い起こせばそのブームにあやかって、貧乏学生時代の私までが若気の至りとはいえ無謀にも「日本の美術と現代日本哲学」の紹介を名目に世界一周できたのは郷里神戸市の「姉妹都市文化使節」という肩書のおかげであった。

ところで、この姉妹都市交流、たまたま風土や産物が似ているからという程度で縁組したところは、参勤交代のように訪くなる場合もあると聞く。

そこで、ふとある2人の人物を思い出しながら高邁《こうまい》で永続性のある究極の姉妹都市「哲学の姉妹都市」という、少々抽象的夢想をして見た。

三浦梅園とイマヌエル・カント。梅園とは「条理学」という深遠な学説を打ち立てて、最近の評価では江戸時代最高の哲学者の一人。カントはご存じ、ドイツが生んだ近代最大の哲人。両者とも3冊の似た内容の大著を残す。そして、姉妹(都市)を文学通り条件にするなら、何と梅園は1723年、カントは1724年生まれの1歳違いという兄弟的親近性。洋の東西の哲学者でトータルにこれほど一致

問国は膨大な経費がかかり、中身のマンネリ化で順調に続かな

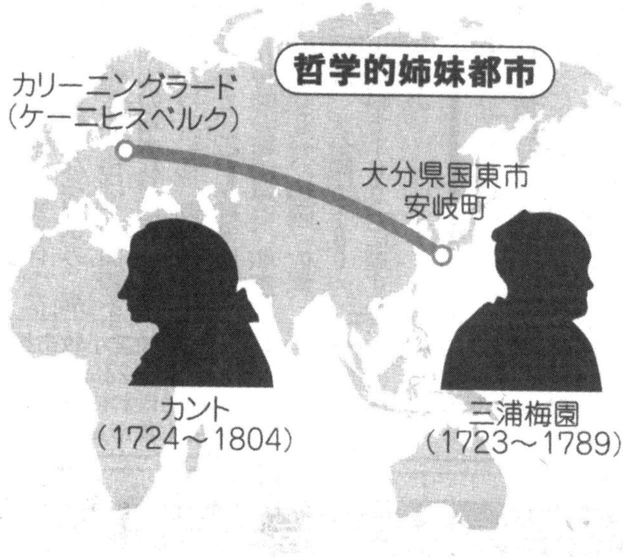

梅園とカント

するケースは歴史上めったにない。

　カントが一生離れなかったケーニヒスベルク、現在のロシア連邦領カリーニングラード。梅園が集めた書物や著書や家もそのまま残り「梅園の里」まで完備する大分県国東市安岐町。この二つのまちが結び付けば、1万人の安岐町がグローバルな存在となり、カリーニングラードもソ連崩壊以来の念願である独立自由都市が実現するかも。

　この奇異な構想も、歴史上の人物を世界的スケールで結びつけただけだから、各地の皆さんも世界地図と人名事典片手に、ユニークな人物中心の新たな姉妹都市を提案されてみてはいかが。

北方領土３島、天空ロマン

ふと思うことを応用しよう

30年ほど前になるが、以前紹介したエネルギー学者の高橋実氏による世界的にも話題となった著書『灼熱の氷惑星』の中で、地球の水は３０００年周期をもつ未知の惑星から移ってきたという壮大な仮説を、途方もなく膨大で緻密《ちみつ》な計算によってうち立てた。

　私は同氏に、天空のロマンを期待して「この大仮説の秘密は？」と尋ねてみた。ところが「実はねえ、太陽系の中で地球だけに水が多すぎるのはなぜか、とふと思ったからですよ」と意外なことをおっしゃった。

　このありがたいヒント以来、「ふと」思ったことを意外な場面に応用するのをこれまで私いたとき、ふと気づいた。水面を50㍍下げてもロシアのカラフトと北海道と本州はあくまで離れているが、根室湾沖合の四島のうち、国後、歯舞、色丹の「三島は北海道と陸続き」になり、択捉《えとろふ》だけが離れてしまう。

　地学的には3島だけが、日本固有のではなく、「北海道固有の地」という妙なことになってしまう。

　こうして水の量を発想の基本とすれば、領土問題も政治的ややこしさを越えて、誰もが一瞬のうちに了解できる事態ともなる。

《天空ロマン》

　日本の長い梅雨どきの低くたれ込める暗雲に抑圧されている

は楽しんできた。

《北方領土三島》

海の等高線と言える水深ラインの付いた地図帳で、何気なく問題の北方4島周辺を眺めて

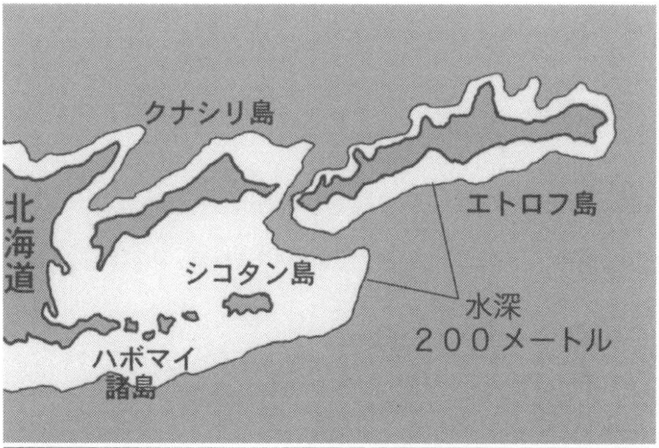

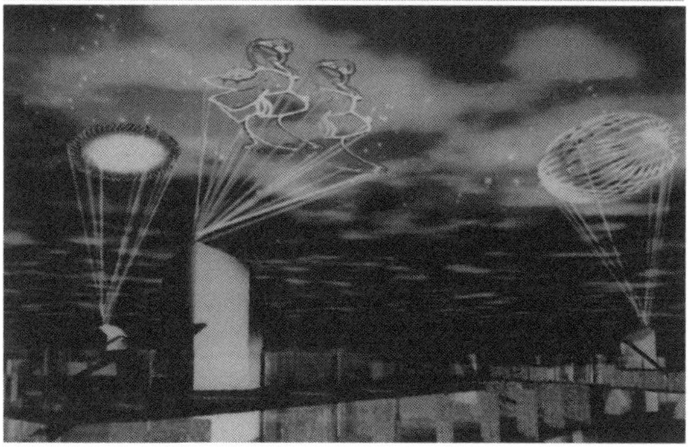

とむしょうに星々や花火をみたくなる。そんな時、ふとイメージするのが、このうっとうしい雲天の下の面が平面的な時に、それを壮大なスクリーンにした空の祭典である。サーチライトやレーザービームを大々的に駆使して、新しい星座や持続型花火で華やかに、時には天空時計見をたり。更にはコンピューターのフル活用で、多様な雲の形を逆応用してのドラマ・ディスプレイ等々とまあ、21世紀にふさわしい天空のロマンづくり。

皆さんも「ふと思う心」を大切に、時にはデメリットまでメリットに変えては勝手に楽しむ「発想考楽的なやり方」を大いに生かしてもらいたい。

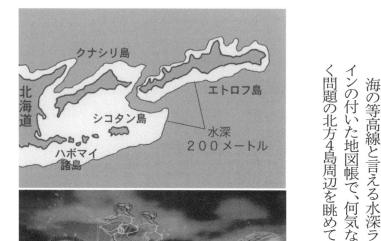

あとがき

かつて、物に溢れだした世界に向けて発した、レイモンド・ローウィの言葉「口紅から機関車まで」の向うを張って、私は「つまようじから宇宙船まで」と述べたことがあります。

しかしこれからは、最近の「ホモ・サピエンス（知恵人）」中心でなく、あくまでその10倍もの長い歴史を持つ「ホモ・ファーベル（工作人）」の基盤の上に立つ、例えば私の造語の両者組み合わせ語『ホモ・ファーベンス』として、ものやことを思う時、必ずイメージ・像と、ことば・言語が伴う事を大前提のうえで、「ウィルスから宇宙まで」がこれからのテーマになるかもしれません。

日本人は、戦後長い間西洋人から見れば「模倣民族」とされてきましたが、現在では世界でも珍しい「人種と文化のるつぼ」的特質を生かし、「個人即世界」の基、どこの誰もが自由に「ふと、はっと、思い付いたこと」を展開させ、今後は常識化した「創造」概念でなく、「平和につながる新たな発想」を生み出してもらいたいものです。

そして、このたび一冊の本としてまとめるに当って、読売新聞西部本社、（株）マルモ出版社には深く感謝いたします。

また、左開きと右開きの編集と表紙・裏表紙の一風変ったデザインを行ってくれた若手デザイナー岡村真人さんと、本書の出版を快諾していただいた（株）日本地域社会研究所の落合英秋氏には、心より御礼申し上げる次第です。

網本義弘

著者プロフィール

網本義弘（あみもと よしひろ）

発想工学研究所主宰／九州産業大学名誉教授

1944 年 神戸生まれ。東京教育大学（現筑波大学）工芸・工業デザイン専攻卒。大学在学中、日本の美術・現代工業・現代哲学の紹介を兼ねた世界一周講演・ヒッチハイク旅行を2年余かけて行ない、帰国後『ギリシャ讃歌』を出版（1970年）。1971年より九州産業大学デザイン学科で「空間デザイン」「発想論」等を担当。『デザイン能力診断』『デザイン教育大辞典』などの共・編著、1993年には新聞連載をまとめた単著『発想工学を知っていますか』。また国内外で反響を呼んだ、紙による「模倣再現作品（ミメーシス・アート）」「デジタル折り紙」等の学生指導作品の他、地域活性化のため日本で初めての「アジア太平洋博覧会」「宇宙遊園地（スペースワールド）」を企画提案し、のちに実現される。その範囲は防災・耐震デザインから、NASAへの月面地下空間構想にまで及び、それらをマスメディアでも紹介。1984年から中国、韓国の諸大学や国際会議での講義・講演を始め、1991年武漢国際デザイン会議で初めて「アジアデザイン」の概念を発表し、2003年に『温故創新のアジアデザイン・パワー』（編著）を出版（日本地域社会研究所）。2011年に中国で「全民設計（万人デザイン術）」の概念と手法を発表して以降は、国内外で講習会を始める。

学際的、異業種を合せての異職種交流の集い「テクネ・サロン」代表。

発想考楽《はっそうこうがく》　ふと思《おも》うことを楽《たの》しむ

2020年10月25日　第1刷発行

著　者　網本義弘《あみもとよしひろ》
発行者　落合英秋
発行所　株式会社 日本地域社会研究所
〒167-0043　東京都杉並区上荻1-25-1
TEL（03）5397-1231（代表）
FAX（03）5397-1237
メールアドレス　tps@n-chiken.com
ホームページ　http://www.n-chiken.com
郵便振替口座　00150-1-41143
印刷所　中央精版印刷株式会社

© 2020 Yoshihiro Amimoto / The Yomiuri Shimbun, Seibu / Marumo Publishing Co.,Ltd.
Printed in Japan
落丁・乱丁本はお取え替えいたします。

ISBN978-4-89022-270-4